둘도 없는
담백함
무이

매일을 위한 빵

無二

김정은·김재민 지음

Premium Milk Bread

Sugar Toast

Salt Bread

Soy Milk Bread

Brioche Bressane

Red Bean Butter Sandwich

Raspberry Jam Streusel Bread

Salted Mocha Bun

Soft Red Bean Bread

Baked Custard Cream Bun

Apple Jam & Cream Cornet Bread

Baguette

Salted Pollock Roe Baguette

Chia Seed Pain de Campagne

Barley Pain Rustique

Honey Potato Ciabatta

Garlic Olive Ciabatta

Basil Ciabatta Bagel

Chocolate Walnut Bread

Sausage Ciabatta

Chicken Curry Naan

Tricolor Bean Ciabatta

Corn Cheese Fougasse

Tomato Focaccia

Croissant

Cruffin

Hazelnut Praline Pain au Chocolat

Dark beer whole wheat croissant

Melon Danish Pastry

Egg Tart

Apricot Cream Cheese Pie

Almond Coconut Pie

Raspberry Pistachio Pie

둘도 없는
담백함
무이

# 매일을 위한 빵

## 無二

김정은 · 김재민 지음

BnCworld

# 아내 이야기

어릴 때부터 빵을 참 좋아했다. 그래서 밥 대신 빵을 먹는 일이 많았다. 달콤한 페이스트리, 단과자 빵에서부터 담백한 하드 계열 빵 그리고 부드러운 식빵에 이르기까지 빵을 거의 주식처럼 먹곤 했다. 좋아하다 보니 자연스레 집에서 빵과 과자를 만들어 보기도 했다. 자라면서 진로를 고민하는 시기를 맞았고 기술을 가지는 것이 좋겠다는 언니의 권유로 제과제빵 학원에 다니며 자격증을 취득했다. 고등학교 때는 누구나 그러하듯 다시 한번 진로에 대한 진지한 고민을 거쳤고, 급기야 대학에 진학해 본격적으로 제과제빵을 공부했다. 그리고 그곳에서 지금의 남편도 만났다.

무언가 시작하면 끈기 있게 계속하는 성격이라 진로를 정한 후에는 제빵에 관한 여러 목표를 세우고 실천해 왔다. 그중 첫 번째로 세웠던 목표가 언젠가 '나의 빵집'을 갖는 것이었다. 항상 '나의 빵집'을 꿈꾸며 매장 운영에 도움이 될 만한 디자인, 사진 촬영, 제빵 기술 등 많은 분야를 공부했다. 그 결과 현재 '무이'의 로고, 그림, 포스터, 패키지, SNS 등 운영에 필요한 모든 것을 직접 맡아서 하고 있다. 그래서 '무이'에는 나 혹은 우리 부부의 색이 확실히 묻어 있다. 수년간의 노력으로 나의 첫 번째 목표를 이룬 셈이다. 그리고 이제 다음 목표를 향해 나아가고 있다. 이런 연속성의 목표 끝에 자리한 최종 목표는 당연하게 '무이'를 아주 오래오래 운영하는 것이다. 그렇게 할 수 있도록 발판을 만들어 가는 것이 우리의 다음 목표이다. 우리 부부뿐만 아니라 '무이'의 팀원 모두 아르티장이라 불릴 수 있는 위치까지 다 함께 성장하고 싶다.

이 책이 우리의 다음 단계를 위한 하나의 과정이라 생각한다. 책을 읽는 모든 분들이 이 책과 함께 우리가 성장해 가는 모습을 지켜봐 주었으면 좋겠다.

# 無二

## 남편 이야기

나 역시 빵 냄새만 맡아도 행복할 정도로 어린 시절부터 빵을 좋아했다. 그러던 내가 지금은 누구보다도 가까이에서 갓 구운 빵 냄새를 맡고, 갓 구운 빵을 바로바로 맛볼 수 있다는 사실이 가끔은 신기하게 느껴진다.

우리나라 사람들은 아무래도 빵보다는 밥이 주식이다. 그래서 빵은 오랫동안 주식보다는 간식으로 여겨졌다. 여러 이유가 있겠지만 빵의 단맛이나 식감 등이 그 원인이었을 것으로 생각된다. 다행히도 세월이 흐르면서 빵의 종류가 다양해지고 우리의 식습관이 바뀌어 빵이 밥을 대신하는 경우가 흔해졌다. 베이커의 한 사람으로서 무척 기쁘다. 더욱이 최근에는 각 베이커리마다 자신들의 개성을 드러내는 빵을 많이 만들고 있다. 그러한 과정 속에서 각양각색의 빵이 출시되고 있다.

그렇다면 '무이'의 빵은 어떤 빵이라고 말해야 할까? 어떤 특성이 '무이'를 대표할 수 있을까? 가게를 오픈할 때도, 신제품을 구상할 때도 우리는 '무이'만의 빵을 만들고 싶었다. 밥을 대체할 수 있는 빵, 우리 입맛에 잘 맞는 빵을 만들고 싶었다. 아침을 열고, 점심을 대신하고, 티타임을 함께하고, 저녁에도 부담스럽지 않은 빵이 '무이'의 특징이 되면 좋겠다고 생각했다.

그래서 매일매일 먹어도 질리지 않는 '데일리 브레드'에 우리만의 킥을 조금 넣어 유일무이한 빵을 만들기로 했다. 유행을 따라가기보다 매일 먹어도 맛있게 먹을 수 있는 빵이 '무이'의 빵이라고 소개하고 싶다. 이 책에 우리가 추구하는 '무이'의 정체성과 빵과 함께하는 우리의 일상을 가감 없이 담았다.

# 無二

## 우리 이야기

우리는 둘 다 우리의 베이커리를 만들고자 하는 목표가 있었다. 그 목표를 향한 다양한 경험과 경력을 쌓기 위해 우리는 서로 다른 베이커리에서 근무하며 기술을 배우고 공유해 시너지 효과를 높였다. 국내 베이커리에서 근무할 때는 긴 역사를 가진 베이커리부터 새로 생긴 베이커리까지 정말 안 가 본 곳이 없을 정도로 많은 베이커리를 함께 돌아다녔다. 일본 빵에 관심이 많아서 베이커리 투어를 위한 일본 여행을 다닐 정도로 일본 베이커리 또한 정말 많이 둘러보았다. 우리는 일본 여행을 다녀올 때마다 일본 빵의 매력에 흠뻑 빠지게 되었다.

경력을 차곡차곡 쌓아 두 명 다 책임자급 직책이 된 뒤에는 전처럼 여행이 아닌, 빵을 배우겠다는 목표를 가지고 일본으로 떠났다. 한국에서 그랬던 것처럼 서로 다른 일본 베이커리에서 일을 하며 각자 많은 경험과 지식을 쌓아 나갔다. 한 사람은 효고현의 '블랑제리 프리앙드 (Boulangerie Friande)'에서 견습생으로, 한 사람은 오사카부의 'R 베이커(R Baker)'에서 근무했다. 오전에는 베이커리에서, 오후에는 이자카야에서 일을 하며 체력적으로 힘에 부치는 생활을 했다. 그럼에도 불구하고 쉬는 날과 근무 시간 틈틈이 다른 베이커리에 다니거나 많은 일본 책을 보고 공부하면서 쉴 틈 없는 생활을 이어나갔다.

일본 베이커리에서 일했던 경험은 생각보다 더 큰 자산이 되었다. 베이커리를 바라보는 시야가 넓어졌고 베이커로서 중요한 것이 무엇인지 다시 한번 생각하는 계기가 되었다. 귀국 후 우리는 일본 베이커리에서의 경험을 토대로 지금의 '무이'를 만들었다.

우리는 처음부터 빵을 굽는 제과제빵과에서 만나 함께 목표를 위해 달려오다 드디어 그 목표 지점에 다다랐다. 다소 장황하게 늘어 놓았지만 결국 우리가 추구하는 것은 동일하다. 이 업계에서 일을 하면서 느낀 점은 생각보다 많은 베이커들이 빵을 많이 먹어 보지 않는다는 것이었다. 우리는 빵을 만드는 사람이라면 많은 빵을 먹어 보고 접해야 한다고 생각한다. 많이 먹어 본 베이커일수록 그만큼 다양한 아이디어를 낼 수 있으며 추구하는 방향 또한 잡을 수 있다고 믿는다. 세상에는 정말 다양한 재료와 기술이 존재한다. 만약 제빵에 관심이 많다면 한 가지 이상의 외국어를 구사할 수 있도록 노력하는 것이 도움이 된다. 해외에 나가거나 다른 나라의 베이커를 만났을 때 소통할 기회가 많아지고 전문 서적(국내에 다양한 번역본이 있기는 하지만)을 구입해 보다 많은 정보를 접할 수 있기 때문이다. 제빵사가 단순히 빵만 잘 만들면 된다고 생각할 수 있지만 공부해야 할 것들이 굉장히 많은 것 같다.

**목차**

無一

004 – 아내 이야기
005 – 남편 이야기
007 – 우리 이야기


베이커리 무이가
추구하는 것
—
**베이커에게 중요한 것**

012 무이에서 사용하는 재료
017 무이의 주요 2가지 종
020 무이의 주요 2가지 반죽법
022 무이의 주요 노하우1 : 반죽 배합과 수분율
024 무이의 주요 노하우2 : 분할 · 성형 · 굽기
027 **Column1** 베이커리 무이의 탄생


베이커리 무이의 가장
무이스러운 빵
—
**식빵**

030 **식빵 반죽 만들기**
032 생식빵
035 슈거토스트
038 소금빵
042 두유식빵
046 **Column2** 팀과 함께 성장하는 무이, 이달의 무이


과하지 않은 담백함,
매일 즐길 수 있는
—
**브리오슈**

050 **브리오슈 반죽 만들기**
052 브레산느
056 앙버터
060 라즈베리잼 소보로
064 가염 모카번
068 부드러운 팥빵
072 구운 커스터드 크림번
076 애플잼 & 크림 코로네
080 **Column3** 빵으로 진열대를 가득 채우는 이유


가벼운 식감과
밀가루 본연의 풍미
—
**바게트**

084 **바게트 반죽 만들기**
086 바게트
090 무이의 바게트에 대한 생각
092 명란 바게트
096 치아시드 캉파뉴
102 보리 루스틱
108 **Column4** 새로운 제품을 개발하는 방법

가장 일상적이고
활용도가 높은 반죽
—
치아바타

112 **치아바타 반죽 만들기**
114 허니 포테이토
118 갈릭 올리브 치아바타
122 바질 치아바타 베이글
128 초코 쿠루미
132 소시지 치아바타
136 치킨 커리 난
140 삼색콩 치아바타
144 콘치즈 푸가스
148 토마토 포카치아
152 **Column5** 빵의 보존을 위한 패키지와 따뜻한 빵

저온 숙성으로 만드는
가벼운 식감의
—
크루아상

156 **크루아상 반죽 만들기**
160 크루아상
164 크러핀
168 헤이즐넛 프랄리네 팽 오 쇼콜라
172 흑맥주 통밀 크루아상
180 **Column6** 좋은 빵이란 무엇일까?

담백한 버터 풍미의
페이스트리
—
데니시 페이스트리

184 **데니시 페이스트리 반죽 만들기**
188 멜론 데니시
194 에그 타르트
198 살구 크림치즈 파이
202 아몬드 코코넛 파이
208 라즈베리 피스타치오
212 **Column7** 프로페셔널다운 자세로 빵을 굽다
214 **Epilogue** 마무리 인사말

이 책은
식빵, 브리오슈, 바게트, 치아바타, 크루아상, 데니시 페이스트리 총 6가지 반죽을 활용하거나 응용한 다양한 제품을 소개합니다. 그래서 몇 제품을 제외한 대부분의 제품을 만들려면 각 파트의 기본 반죽부터 시작해야 합니다. 기본 반죽을 만든 뒤 각 제품 레시피에 필요한 중량만큼만 사용하세요. 식빵, 브리오슈, 바게트, 치아바타 기본 반죽은 모두 밀가루 1㎏기준입니다. 크루아상 기본 반죽은 밀가루 2㎏, 데니시 페이스트리 기본 반죽은 판 버터 1㎏ 기준입니다. 분량은 이를 기준으로 베이커스 퍼센트로 조절하세요.

## 베이커에게 중요한 것

빵을 만들 때 가장 중요한 것은 기본기이다. 처음에는 기본적인 부분을 잘 배우고 신경 쓰지만 현장에서 일하다 보면 만들기에 급급해 기본기를 무시하기 쉽다. 지금까지 베이커리에서 근무하며 만났던 많은 제빵사들 역시 그러했다.

항상 기본이 중요하다고 배워 왔지만 더욱더 중요성을 느낀 계기는 일본 베이커리에서 일했을 때의 경험이다. 일본 베이커리 주방 냉장고에는 매일매일 수많은 종이가 새로 붙었다. 그것은 우리나라 현장에서 흔히 볼 수 있는 반죽의 배합도, 예약 리스트도, 다음날 생산량이 적힌 종이도 아니었다. 일을 하면서 여러 사람이 크로스체크를 하는 표였다.

A표에 반죽 담당자 2명이 그날 반죽 온도를 확인한 뒤 기입하고 서명한다. 그다음 반죽 온도가 평소와 얼마나 차이가 있으며 그에 어떻게 대처했는지를 적는다. B표에는 반죽에 펀치를 준 시간을 쓰고 역시 담당자 2명이 서명한다. C표에는 반죽의 1차 발효 종료 시점과 분할 시간을 기입하고 또 다시 담당자 2명이 서명한다. 이런 식으로 그날그날 반죽의 상태를 상세하게 적는 것이다.

사실 이런 표를 처음 봤을 때 아주 큰 충격을 받았다. 당연히 기본이 중요하다고 생각은 하고 있었지만 일본 베이커리에서 이렇게까지 철저하게 기본을 지키며 빵을 만들고 있을 줄은 예상 하지 못했다. 우리 모두가 반죽 온도의 중요성에 대해 알고 있다. 하지만 시간이 흐를수록 반죽 온도를 잘 확인하지 않거나 온도에 따라 적당히 대처하고 크게 주의를 기울이지 않는다. 일본의 베이커리처럼 빵을 만드는 사람 모두가 기본을 지키고 그에 맞는 대처 방안을 세워 가며 제품을 완성한다면 누가 만들더라도 매일 좋은 퀄리티의 제품을 일정하게 생산해 낼 수 있을 것이다.

# 무이에서 사용하는 재료

무이에서 사용하는 재료는 우리가 추구하는 방향성을 바탕으로 하고 있으나 항상 같지는 않다 첫 번째, 대체적으로 묵직한 느낌이 드는 재료는 고르지 않는 편이다. 매일매일 먹어도 질리지 않는 빵을 만들기 위해서 만드는 사람이나 먹는 사람이나 부담스럽지 않은 재료를 선택한다. 비싼 재료를 사용한다고 해서 더 좋은 제품이 만들어지는 것도 아니기 때문에 항상 다양한 가능성을 염두에 두고 재료를 선정하고 있다.

無
二.01

## 가루류

### ❶ ADM 투스타

| | |
|---|---|
| 단백질 | 12% |
| 회분 | 0.45% |
| 수분 | 13.7% |

무이에서 가장 메인으로 사용하는 밀가루로, 캐나다산 밀로 만든 강력분이다. 이 밀가루를 사용해 반죽을 하면 단백질 함량에 비해서 탄력이 강해 꽤 볼륨 있는 제품을 만들 수 있고 구수한 풍미와 쫄깃쫄깃한 식감도 얻을 수 있다. 무이를 대표하는 식빵 반죽과 치아바타 반죽에 100%의 비율로 사용하고 있어 이들 제품에서 ADM 투스타만의 풍미와 식감을 확실하게 느낄 수 있다.

### ❷ 지라도(GiRARDEAU) & 쉬레(SUIRE) 밀가루(T45/T65/T150/스펠트)

최근에 수입되기 시작한 지라도와 쉬레 제분소의 프랑스산 밀가루로 종류는 T45, T65, T150, 스펠트밀 등이 있다.

### 지라도 파인 45 (T45 비에누아즈리 & 파티스리)

단백질 함량 12% 이상으로, 프랑스산 밀로 만든 밀가루이다. 무이에서는 주로 식빵, 크루아상 등에 다른 밀가루와 블렌딩해서 사용한다. 빵을 먹었을 때 너무 무겁게 느껴지지 않고 탄력 있는 식감을 내고 싶을 때 적합한 밀가루이다. 중력분 대신으로 사용 가능하며 강력분과도 비슷하다. 그래서 브리오슈나 페이스트리와 같이 가벼운 식감을 내야 하는 제품에는 블렌딩하지 않고 100%를 사용해도 된다. 다방면으로 활용할 수 있기 때문에 신제품을 출시할 때 많이 사용한다.

### 지라도 에밀리(T65 트레디션)

프랑스산 밀로 만든 단백질 함량 11% 이상의 밀가루이다. 주로 바게트, 사워도 등의 하드계열 빵과 다양한 프랑스식 빵을 만들 때 단독 또는 블렌딩하여 사용하고 있다. 무이가 추구하는 빵이 얇은 껍질과 촉촉한 빵속(크럼), 그리고 구수한 맛인데 이 부분을 잘 구현할 수 있어 다양한 제품에 많이 활용한다. 바게트에는 주로 70~100% 비율로 사용하고 있다. 100%를 사용하여 만든 바게트를 먹어 보면 씹을수록 아주 고소하고 특유의 밀가루 풍미가 도드라진다.

### 쉬레 T150 통밀(Complete M)

쉬레라는 이름의 제분소에서 프랑스 정부의 CRC(Culture Raisionnee Controlee) 인증을 받은 밀을 맷돌 제분 방식으로 제분하였기 때문에 밀기울이 굵고 뚜렷하며 통밀 특유의 구수한 맛을 느낄 수 있다. 쉬레 T150 통밀을 100% 사용하면 구수한 맛의 제품을 만들 수 있으며 굵은 밀기울 입자가 느껴져 매력적이다. 또 다른 밀가루와 블렌딩하여 사용하면 먹음직스러운 색상의 빵속을 만들 수 있다. 통밀이지만 흡수율이 좋고 힘이 강해 볼륨이 있고 빵속이 가벼운 제품을 만들 수 있다. 빵의 껍질도 얇게 생성되어 부드러운 빵의 식감과 조화를 이룬다.

### 쉬레 스펠트밀(Epeaute Bise Meule)

스펠트밀은 섬유질과 단백질 함량이 높아 조금 더 건강한 제품을 만들고자 할 때 블렌딩하여 사용하고 있다. 일반 밀가루에 비해 밀가루의 풍미와 고소한 맛이 조금 더 강하며, 호밀과 같은 산미가 느껴진다. 통밀과는 또 다른 특유의 향과 풍미를 지녀 스펠트밀만의 독특한 느낌을 낼 수 있다. 개인적으로 스펠트밀을 사용하여 빵을 만들면 약간의 은은한 풀 향이 느껴지는데 그게 참 매력적으로 느껴진다. 스펠트밀을 사용하여 반죽할 때는 글루텐이 약한 편이기 때문에 조금 더 탄력 있고 단단하게 만드는 것이 좋다. 그래서 단독으로 사용하기보다는 다른 밀가루와 블렌딩하여 사용할 것을 추천한다.

### ❸ 볶은 보릿가루

무이에서는 볶은 보릿가루를 사용해 보리 루스틱을 만들고 있다. 보릿가루는 단백질, 필수 아미노산, 섬유질, 비타민, 미네랄 등이 다양하게 함유된, 영양이 가득한 곡물이다. 보릿가루로 빵 반죽을 하면 보리 특유의 구수한 향이 계속 뿜어져 나와 만드는 내내 기분이 좋아진다. 보릿가루는 수분을 많이 흡수하기 때문에 다른 밀가루를 사용할 때보다 반죽에 수분을 늘려야 한다. 보리 루스틱의 배합표를 보면 수분율이 100% 이상이지만 직접 반죽을 해 보면 생각보다 질지 않다. 따라서 처음에는 수분율을 70%로 잡은 뒤 물을 조금씩 추가하며 믹싱해 본인이 원하는 반죽 상태로 만드는 것이 좋다.

### ❹ 다양한 가루 블렌딩

무이에서는 대부분 한 제품을 만들 때 한 가지의 밀가루만 사용하지 않는다. 2~4가지의 밀가루를 블렌딩하여 사용하는 편이다. 무이가 추구하는 빵의 향과 풍미, 적당한 발효 시간과 그에 따르는 먹음직스러운 볼륨을 내기 위해 여러 가루 재료를 섞는 것이다. 다양한 재료를 섞으면 한 가지 재료에서 느낄 수 없던, 새롭게 피어나는 향을 느낄 수 있고 작업이 더욱 즐거워진다. 또한 한 브랜드가 아닌, 여러 브랜드의 다양한 가루 재료를 사용하기 때문에 서로 다른 제분소의 재료가 어우러지는 경험을 할 수 있는데 이것도 꽤나 재미있는 일이다. 그동안 한 가지의 가루 재료만 사용했다면 가지고 있는 재료를 한번 혼합해 보길 바란다. 재료를 어떻게 블렌딩했느냐에 따라 제품의 빵속 또한 달라지기 때문에 다양하게 블렌딩해 테스트해 본 후 취향에 맞는 배합을 선택하면 좋을 것 같다. 블렌딩하는 방법은 베이커스 퍼센트에 따라 밀

가루의 비율을 100%로 잡고 원하는 식감과 향을 낼 수 있도록 비율을 조금씩 바꾸어 가며 섞으면 된다. 예를 들어 강력분 100%가 들어가는 반죽이라면 일반적으로 탄력 있고 힘이 강해 볼륨이 좋은 제품이 나오며 빵속은 하얗고 식감은 쫄깃쫄깃하다. 이 반죽에서 볼륨이 조금 작아지더라도 밀기울이 보이며 빵속이 노랗고 조금 더 영양가가 높은 반죽으로 바꾸고 싶다면 강력분과 통밀가루를 각각 70%, 30% 비율로 블렌딩하는 것이다. 이처럼 여러 브랜드의 다양한 가루를 조합해 반죽을 해 보고 구워 보면서 본인이 원하는 방향을 찾아 나가면 된다. 무이에서 사용하는 밀가루 외에도 국내에 수입되고 있는 가루 재료가 예전에 비해 아주 다양해졌다. 같은 T45, T65, 통밀이라 하더라도 각 제분소마다 맛이나 특성이 완전히 다른 경우가 많으니 그 밀가루의 특징을 미리 익히고 사용해 보면 좋을 것이다.

## 소금

무이에서는 2종류의 소금을 사용하고 있다.

### ❶ 국산 꽃소금

반죽할 때는 보통 국산 꽃소금을 사용한다. 사용 중인 꽃소금은 일반 정제염보다 염도가 낮아 반죽에 사용하면 짠맛을 부드럽게 표현할 수 있다. 또 반죽에 사용하기 알맞게 입자가 곱고 균일하여 재료에 잘 녹아들고 불순물이나 첨가제가 없어 밀가루 등 재료 본연의 맛을 잘 살려 준다. 시중에 입자가 굵은 꽃소금도 많이 있는데 그런 소금을 사용할 경우, 반죽에 그대로 사용하면 제대로 믹싱이 되지 않기 때문에 반드시 물에 녹여서 사용해야 한다. 혹은 믹서에 갈아 입자를 작게 만든 뒤에 사용하는 것이 좋다.

### ❷ 게랑드 플뢰르 드 셀

프랑스산 게랑드 플뢰르 드 셀은 무이의 대표 메뉴인 소금빵 위에 뿌리는 용도로 사용한다. 구운 뒤 수분에 취약하다는 단점이 있지만 쓴맛이 없고 짠맛이 은은하게 느껴져 제품 위에 올려 구우면 감칠맛이 나면서 제품을 더욱 돋보이게 한다.
반죽에 사용하려면 꽃소금보다 염도가 더 낮기 때문에 함량을 0.1~0.2% 정도 증량하여 사용하는 것이 좋다. 반죽에 사용하면 플뢰르 드 셀의 감칠맛이 밀가루의 맛을 향상시켜 밀가루의 풍미를 보다 진하게 느낄 수 있다.

## 이스트

무이에서는 생이스트 대신 모두 드라이이스트를 사용한다. 드라이이스트를 사용하는 첫 번째 이유는 보관이 용이하다는 점이다. 두 번째는 생이스트를 사용했을 때보다 제품이 안정적으로 균일하게 만들어지기 때문이다. 그러나 드라이이스트를 쓰는 가장 큰 이유는 향이 강한 생이스트보다 은은한 풍미를 내기 때문에 밀가루나 버터의 풍미를 더욱 돋보이게 할 수 있어서이다.

### ❶ 드라이이스트 레드

설탕 등 당의 비율이 5%를 넘지 않는 저당 제품에 사용하는 이스트로, 주로 바게트, 캉파뉴 등 하드계열의 빵을 만들 때 넣는다. 만약 저당 배합 반죽에 드라이이스트 골드를 사용하면 발효가 과도하게 빨라지기 때문에 적절하지 못하다.

### ❷ 드라이이스트 골드

드라이이스트 레드와 반대로 반죽 배합 중 당의 비율이 5%가 넘는 제품에 사용하는 이스트이다. 주로 식빵 등 당 성분이 비교적 많아 고배합이라고 부르는 빵 반죽에 사용한다. 당이 많아도 발효가 잘 되는 특성이 있다.

### ❸ 세미드라이이스트 골드

반죽 제법 중 냉동 보관을 하는 등 저온에 노출되고 설탕 함량이 10% 이상인 반죽에 사용하는 이스트이다. 무이에서는 브리오슈와 크루아상 반죽에 사용하고 있다.

# 버터

### 루어팍 가염 버터

덴마크에서 생산되는 버터로 무이에서는 무염 버터가 아닌, 가염 버터만 사용하고 있다. 믹싱할 때 넣는 것이 아니라 주로 성형할 때 반죽 안에 넣고 감싸거나 발효가 끝난 반죽 위에 얹어 굽는 용도로 사용한다. 또 '브리오슈 앙버터'라는 이름의 제품에 끼워 넣는 용도로도 사용한다. 가염 버터이지만 다른 가염 버터에 비해 소금 함량이 1.2%로 적은 편에 속해 담백하면서도 짭짤한 맛이 나는 제품을 만들 수 있다.

### 페이장브레통 물레 무염 버터

페이장브레통 물레 무염 버터는 프랑스 브르타뉴 지역에서 생산되는 버터로 고소하게 퍼지는 우유 지방의 맛과 향이 특징이다. 주로 잠봉 뵈르처럼 버터를 그대로 사용하는 샌드위치에 사용한다. 반죽에 넣어도 좋지만 그 자체만으로 신선한 고소함과 입속에서 자연스레 녹아드는 특징이 있어 샌드위치 형태로 먹으면 아주 맛이 좋다. 또 개인적인 느낌으로는 바게트 샌드위치에 넣어 먹을 때 바게트 자체의 풍미를 더 돋보이게 하는 효과가 있어 밀가루 본연의 풍미를 살리고 싶다면 페이장브레통 물레 무염 버터를 빵 사이에 끼워 먹는 방법을 추천한다.

### FIT 프렌치 고메 버터

FIT 프렌치 고메 버터는 프랑스산 버터로, 무이의 모든 반죽에 사용하는 버터이다. 크림을 유산균으로 일정 시간 숙성시켜 만든 발효 버터로 입안에서 깔끔하게 녹고 담백하다. 또 FIT 버터만의 유연성이 있어 반죽에 넣고 섞었을 때 다른 재료들과 잘 어우러진다. FIT 프렌치 고메 버터는 무이가 추구하는 프레시한 느낌을 잘 나타내기 때문에 메인으로 가장 많이 사용하는 버터이다. 무이는 빵을 먹었을 때 버터가 강하게 느껴지면서 묵직한 것보다는 깔끔하고 신선한 느낌의 버터를 추구한다.

### 레스큐어 샤랑트 푸아투 AOP 버터 시트

레스큐어의 AOP 인증을 받은 프랑스산 발효 버터로 페이스트리에 사용했을 때 더욱 좋은 풍미를 드러낸다. 무이의 부드러운 페이스트리 반죽 배합과 잘 맞는 버터를 찾기가 쉽지 않았는데 여러 버터를 시험해 본 결과 레스큐어의 버터가 가장 잘 맞고 깊은 풍미와 함께 유연성 또한 좋았다. 무이의 페이스트리 반죽은 수분율이 높은 편이기 때문에 너무 단단한 버터는 잘 맞지 않으며 레스큐어 버터도 한 번 부드럽게 푼 다음에 사용하고 있다.

이 외에 펌플리, 콜만, 이즈니 등 다른 좋은 버터들이 많기 때문에 그때그때 상황에 맞추어 다양하게 사용하고 있다.

# 탕종 & 르뱅 리키드

無
二.01

## 탕종

뜨거운 물과 밀가루를 섞어서 빠르게 호화시켜 찰기 있는 반죽을 만든 뒤 본배합과 섞는 제법이다. 탕종을 이용한 반죽은 윤기가 나며 쫄깃쫄깃한 식감을 갖는다. 또한 밀가루를 호화시켜 만들다 보니 일반 반죽보다 물을 더 많이 넣을 수 있어 수분 보유력을 높일 수 있다. 따라서 일반 반죽보다 더 촉촉한 제품을 만들 때 유용한 제법이다. 탕종은 다른 제품에도 사용 가능하지만 현재 무이에서는 식빵 반죽에만 사용하고 있다. 탕종을 사용하고 싶다면 본인이 원하는 반죽의 정도에 따라 본배합에서 밀가루와 수분 비율을 따로 빼서 조절하여 만들면 된다.

### 탕종 만드는 법

| | |
|---|---|
| T45 | 300g |
| 소금 | 20g |
| 뜨거운 물 | 430g |

1  믹서볼에 T45와 소금을 넣어 섞고 팔팔 끓는 뜨거운 물을 부어 저속 1분, 고속에서 4분 동안 믹싱한다.

2  반죽이 마르지 않도록 비닐 또는 랩으로 잘 밀봉하여 냉장고(3~5℃)에 하루 동안 보관한 후 다음날 사용한다.

TIP 탕종은 아주 단순한 재료인 밀가루, 물, 소금만으로 반죽한다. 소금은 필수 선택이 아니며 밀가루와 물만으로도 탕종을 만들 수 있다.

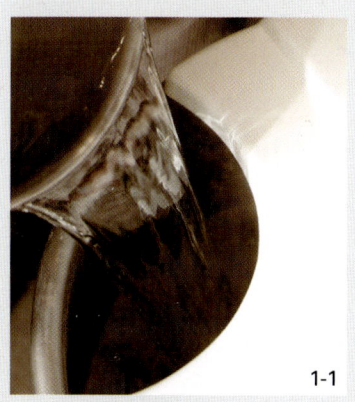
1-1

1-2

2

Point.1 탕종에 사용하는 물은 온도 70℃ 이상의 뜨거운 물을 사용한다. 물 온도가 70℃ 이하로 내려가면 밀가루의 전분이 호화되지 않아 적합한 탕종을 만들 수 없다. 만약 호화가 제대로 이루어지지 않으면 탕종을 만졌을 때 손에 많이 들러붙고 질척거리는 상태가 된다. 이 상태의 탕종을 본반죽에 넣으면 본반죽 또한 수분율이 높아져 진 반죽이 될 수 있으므로 탕종 호화가 덜 됐다면 수분량을 조절해 본반죽을 해야 한다. 그래서 무이에서는 기본 90℃ 이상의 팔팔 끓는 물을 사용하고 있다.

Point.2 탕종에 본배합의 소금을 넣는 이유는 탕종을 냉장고에 보관할 때 보관성을 높이기 위함이다. 탕종에 소금을 넣으면 냉장고에서 3일까지 보관하며 사용할 수 있다. 만약 소금을 넣지 않는다면 만든 다음날 바로 사용할 것을 권한다. 탕종은 시간이 지나면 호화가 풀려 사용하기에 적합하지 않게 된다.

無
二.02

# 르뱅 리키드

무이에서는 대부분의 반죽에 르뱅 리키드를 사용한다. 르뱅 리키드는 스타터를 통밀로 만든 묽은 타입의 발효종이며 통밀의 고소한 곡물향과 은은한 요구르트향, 부드러운 산미가 매력적이다. 통밀을 사용하여 스타터를 만들면 밀 자체에 함유되어 있는 다양한 영양분으로 인해 발효 활성이 잘 되며 안정적인 상태의 르뱅 리키드를 만들 수 있다. 르뱅 리키드는 대부분 반죽 배합의 밀가루 대비 10~30% 정도를 사용하고 있으며 새로운 메뉴를 만들 때는 추구하는 방향에 따라 사용량을 정한다. 보통은 10% 정도를 사용하고 깊은 풍미와 산미를 내고자 하는 제품에는 30% 정도를 사용하되 이스트 양은 줄여 더 천천히, 발효 시간을 길게 갖도록 하고 있다.

1일차　　　2일차　　　3일차

4일차　　　5일차　　　리프레쉬

## 르뱅 리키드 만들기

**STEP 1**

1일차

| 통밀 | 100g |
|---|---|
| 물 | 120g |

통밀과 물을 섞은 뒤 실온에서 하루 동안 발효시킨다.
→ 발효 후에는 섞기 전보다 묽어진다.

**STEP 2**

2일차

| 1일차 종 | 50g |
|---|---|
| 통밀 | 50g |
| 물 | 60g |

모든 재료를 섞은 뒤 실온에서 하루 동안 발효시킨다.
→ 발효 후에는 섞기 전보다 더 묽은 상태가 되며 기포가 보이기 시작한다.

| STEP 3 | | | |
|---|---|---|---|
| **3일차** |  | 2일차 종 | 50g |
| | | 통밀 | 25g |
| | | T65 | 25g |
| | | 물 | 50g |

모든 재료를 섞은 뒤 실온에서 하루 동안 발효시킨다.

→ 발효 후에는 많이 묽어져 있으며 T65가 섞이면서 색상이 조금 더 밝아지고 기포가 더욱 많아진다.

| STEP 4 | | | |
|---|---|---|---|
| **4일차** |  | 3일차 종 | 50g |
| | | T65 | 50g |
| | | 물 | 50g |

모든 재료를 섞은 뒤 실온에서 약 9~12시간 동안 발효시킨다.

→ 3일차 종의 발효 후보다 T65 함량이 더 많아졌기 때문에 색상이 더욱 밝으며 조금 더 단단한 상태가 된다.

| STEP 5 | | | |
|---|---|---|---|
| **5일차** |  | 4일차 종 | 50g |
| | | T65 | 50g |
| | | 물 | 50g |

모든 재료를 섞은 뒤 실온에서 약 9~12시간 동안 발효시킨다.

→ 4일차 종의 발효 후보다 T65 함량이 많아졌기 때문에 더욱 밝은 색상이면서 르뱅 리키드의 완전한 모습과 흡사해진다.

| STEP 6 | | | |
|---|---|---|---|
| **리프레시** |  | 5일차 종 | 50g |
| | | T65 | 50g |
| | | 물 | 50g |

모든 재료를 섞은 뒤 실온에서 30분 동안 발효 후 냉장고에 보관한다.

→ 리프레시를 거듭하면 할수록 되기가 더욱 안정되어 상태가 크게 바뀌지 않고 기포가 많이 생성된다.

(TIP) 위에 적은 시간은 일반적인 지표일 뿐이다. 르뱅 리키드를 만드는 환경과 재료의 상태에 따라 소요 시간은 얼마든지 달라질 수 있다. 따라서 르뱅 리키드를 만들 때는 상태를 지속적으로 확인하면서 다음 단계에 대한 조치를 취해야 한다.

## 무이에서 르뱅 리키드를 사용하는 루틴

**4:30~12:00** 냉장고에서 전날 리프레시해 둔 르뱅 리키드를 꺼내 당일 오전에 사용할 반죽과 다음날까지 오버나이트 발효시킬 반죽에 사용한다.

(TIP) 사용하기 전에 미리 르뱅의 상태를 확인해 기포가 많이 올라오고 묽으며 산미가 강하다면 다시 한 번 리프레시 작업을 한 뒤 2~3시간 후에 사용하는 것이 좋다.

**12:00** 남은 르뱅을 리프레시한 뒤 실온에서 30분 동안 발효시키고 냉장고에 보관한다. 무이에서는 다음날 오전에 바로 사용하기 때문에 실온에서 많이 발효시키지 않는다. 당일에 바로 사용할 경우에는 2~3시간 동안 발효시켜 사용한다.

# 오버나이트법 & 스트레이트법

無
二.01

## 오버나이트법

오버나이트법이란 반죽을 사용하기 하루 전에 믹싱해 냉장고(5℃)에서 저온 숙성 시킨 후 다음날 사용하는 제법이다. 냉장고에서 발효시키면 낮은 온도에서의 발효로 인해 효모가 빠르게 증식하지 못한다. 따라서 가스 생성이 급격하게 이뤄지지 않아 더욱 고르고 안정된 상태의 반죽을 만들 수 있다. 글루텐의 구조가 안정되어 있기 때문에 반죽이 잘 이완되어 성형할 때도 글루텐의 손상 없이 성형할 수 있다. 당일 만든 반죽에 비해 더 깊은 풍미를 낸다는 이점도 있다. 그러나 무엇보다 큰 장점은 아침에 모든 제품을 믹싱하지 않아도 되기 때문에 작업을 효율적으로 할 수 있다는 것이다. 무이에서 오버나이트법으로 생산하는 반죽은 바게트, 브리오슈, 크루아상 반죽 등이다.

무이에서는 오버나이트법을 사용할 때 아래와 같은 8개의 공정을 거친다.

(Point.1) 믹싱이 끝난 뒤 반죽 온도를 반드시 체크하고 냉장고에서 숙성시킨다. 반죽 온도가 낮은 상태에서 저온 숙성을 하면 1차 발효가 매우 부족해 볼륨이 작은 제품이 나온다. 또한 마찬가지로 냉장고에서 숙성하고 분할한 다음 휴지 시간을 짧게 주면 너무 낮은 온도의 반죽 상태에서 성형했기 때문에 볼륨이 작은 제품이 나오게 된다. 반드시 반죽 온도를 체크해 가며 진행해야 한다.

(Point.2) 오버나이트법으로 만들면 냉장고에서 숙성되는 동안 반죽의 힘이 어느 정도 이완되기 때문에 반죽 상태에 따라 실온 발효 시 펀치를 하는 횟수를 조정하도록 한다.

― **믹싱**
― **1차 발효**(실온에서 약 1시간)
― **저온 숙성**(냉장고에서 17~24시간 추가 발효)
　(TIP) 냉장고의 온도에 따라 발효 시간이 달라질 수 있다. 냉장고의 온도가 5℃면 12시간 정도 숙성시키고, 냉장고의 온도가 1℃라면 24시간 이상 숙성도 가능하다. 냉장고의 온도뿐만 아니라 반죽의 최종 온도에 따라서도 발효 시간이 달라지기 때문에 항상 본인의 작업 환경에 따라 조절을 할 필요가 있다.
― **반죽 분할**
― **휴지**(반죽 온도가 17℃ 이상으로 오를 때까지 실온에서 약 1시간)
　(TIP) 실온의 온도는 약 22~24℃ 기준이며, 기온이나 습도가 높다면 휴지 시간이 더 짧아질 수 있다. 반대로 실온이 너무 낮다면 휴지 시간이 많이 길어질 수 있으며 이럴 때는 도컨디셔너나 발효실에서 휴지시켜도 된다.
― **성형**
― **2차 발효**
― **굽기**

無
二.02
## 스트레이트법

오버나이트법과 다르게 아침에 반죽부터 시작해 굽기까지 끝내는, 당일 생산용 제품에 사용하는 방법이다. 무이에서는 전날 탕종을 만들어 사용하는 식빵 반죽과 치아바타, 데니시 페이스트리 반죽 등에 사용하고 있다. 주로 빵속이 부드럽고 촉촉한 제품들을 스트레이트법으로 만들고 있다.

무이에서는 당일 생산용 스트레이트법을 사용할 때 아래와 같은 7개의 공정을 거친다.

- **믹싱**(반죽 온도 22~25℃)
- **1차 발효**(온도 28~30℃, 습도 75% 발효실에서 약 1시간)
- **분할 및 둥글리기**
- **휴지**(약 20분)
- **성형**
- **2차 발효**(온도 28~30℃, 습도 75% 발효실)
- **굽기**

(Point.1) 1차 발효를 충분히 하지 않으면 제대로 된 제품을 만들 수 없다. 1차 발효가 부족한 상태에서 분할을 강행한다면 제품의 볼륨이 작게 나온다. 볼륨이 작은 제품은 식감에도 좋지 않은 영향을 미치기 때문에 반드시 반죽 온도와 1차 발효 상태를 확인하여 시간을 조절하도록 한다.

(Point.2) 스트레이트법으로 만드는 경우에는 성형할 때 반죽 표면이 찢어지기 쉽다. 반죽의 표면이 찢어지면 가스 보유력이 약해지기 때문에 표면이 손상되지 않도록 조심하며 성형한다. 성형 전에 냉장고에서 약 10분 동안 휴지시키면 글루텐이 이완되면서 표면이 달라붙는 현상도 줄어들어 작업성이 좋아지고 반죽에 손상도 덜 간다.

# 반죽 배합과 수분율

無
二.01

## 배합

빵 반죽은 아주 간단한 재료로 시작할 수 있다. 밀가루, 물, 소금, 이스트만으로도 기본적인 빵을 만들 수 있으며 여기에 재료를 추가로 사용하면 완전히 다른 제품을 만들 수 있다. 무이에서도 기본 배합을 기준으로 조금씩 조절해 가며 새로운 배합을 만들고 있는데 내가 직접 만든 나만의 배합으로 맛있는 빵을 만들었을 때의 즐거움은 이루 말할 수 없다.

배합을 고민할 때는 항상 베이커스 퍼센트를 이용한다. 반죽에 들어가는 밀가루의 비율을 100%로 잡고 다른 재료의 비율을 상대적으로 조절하는 방법이다. 베이커스 퍼센트를 이용하여 배합을 조절하면 훨씬 한눈에 알아보기 쉬우며 배합률만으로도 반죽의 상태를 예측할 수 있다.

### 무이의 기본 배합

| | |
|---|---|
| 밀가루 | 100% |
| 소금 | 2% |
| 물 | 70% |
| 드라이이스트 | 0.35% |

**밀가루**

밀가루 100%의 비율 내에서 다양한 가루 재료를 블렌딩해 사용할 수 있다. 전체 가루 재료를 100%로 잡고 그 안에서 추구하는 제품에 맞게 비율을 조절하면 된다. 밀가루마다, 가루의 종류마다 풍미와 특징이 다르기 때문에 블렌딩하여 사용하는 것도 좋다.

예1 치아시드 통밀 캉파뉴 배합: T65 70% + 통밀가루 30%
예2 크루아상 배합: 강력분 50% + T45 50%

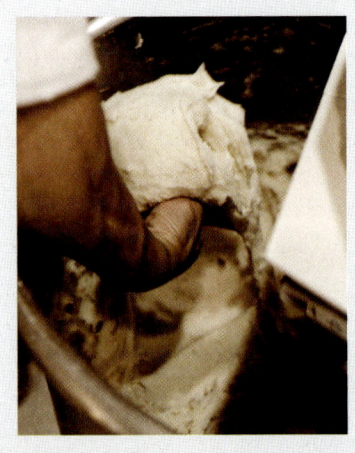

**소금**

보통 배합의 수분량이나 선호하는 짠맛의 정도에 따라 조절하여 사용할 수 있다. 반죽에 물이 많이 들어가는 배합의 경우는 소금을 2~2.2% 정도로 넣고 물이 적게 들어가는 경우는 1.5~2% 정도로 사용한다. 또 소금의 종류에 따라 염도가 달라서 더 조절이 필요할 수 있으니 염두에 두어야 한다. 무이에서 사용하는 꽃소금과 플뢰르 드 셀의 경우에도 플뢰르 드 셀의 염도가 꽃소금보다 조금 더 낮기 때문에 양을 0.2% 정도 늘려 사용하고 있다.

**물**

무이의 빵은 비교적 수분 함량이 높기 때문에 기준 배합에 물 양이 70%로 되어 있지만 꼭 이를 따를 필요는 없다. 본인이 원하는 반죽의 느낌과 볼륨에 따라 조절하면 된다. 수분율은 반죽의 최종적인 식감과 풍미에 큰 영향을 미치므로 가장 눈에 띄는 변화를 이끌어 낼 수 있는 요소이다.

수분의 양이 많으면 반죽이 손에 들러붙는 경우가 많아 다루기는 어렵지만 기공이 크고 가벼운 제품을 만들 수 있다. 또 껍질이 얇아 먹기 좋고 수분을 많이 보유하고 있어 노화가 더디면서 보관이 용이하다. 반면 수분량이 적을수록 반죽이 손에 잘 들러붙지 않아 다루기 쉽고 구웠을 때 볼륨감이 큰 제품을 얻을 수 있다. 그러나 수분량이 적은 만큼 식감이 단단하며 노화도 빨리 진행되어 보존성이 떨어진다.

물 외에 우유, 연유, 꿀 등 다양한 액체 재료를 사용하면 수분과 함께 당도 조절할수 있다.

**드라이이스트**

드라이이스트 0.35%는 무이에서 오버나이트법으로 제조할 때 사용하는 기준이다. 따라서 당일 생산하는 반죽의 경우에는 조금 더 양을 늘리는 것이 좋다. 또한 제품에 맞게 이스트 양을 조절한다. 예를 들어 장시간 발효시키는 사워도를 만들고 싶다면 이스트를 아주 적게 넣고 장시간 발효시킨다. 르뱅과 같은 발효종을 넣을 경우에는 발효종의 양에 따라 이스트의 양도 조절한다. 또 계절에 따라서도 이스트 양을 가감할 필요가 있으니 본인이 작업하는 환경을 항상 체크하는 것이 좋다. 만약 드라이이스트가 아닌 생이스트를 사용하는 경우에는 드라이이스트 양의 2.5배에 해당하는 생이스트를 사용한다.

無
二.02

# 수분율

무이에서는 대부분의 제품을 평균 이상의 수분율로 만들고 있으며, 수분율을 높게하는 이유는 아래와 같다.

첫째, 촉촉한 식감을 얻을 수 있다. 수분율이 높은 빵은 만든 다음날까지 수분을 많이 보유하고 있기 때문에 당일 생산한 빵과 크게 다르지 않은 식감을 유지한다.

둘째, 단순히 부드럽기보다 빵속이 조금 더 쫀쫀하면서 윤기가 나기 때문에 씹는 맛이 좋다.

셋째, 기공과 오븐스프링이 커져 제품이 가벼워지면서 먹기에 부담이 없고 편하다.

다만 수분율이 높으면 작업성이 좋지 않기 때문에 숙련된 기술자가 아니라면 반죽을 다루기가 쉽지 않다. 그래서 앞서 언급했듯이 냉장고에서 약 10분 정도 휴지시킨 다음에 작업한다. 작업성뿐만 아니라 오븐스프링도 잘 나타나 좋은 제품을 만들수 있다.

# 분할·성형·굽기

無
二.01

## 분할

분할은 아주 단순한 작업이지만 아주 중요한 작업이기도 하다. 알맞은 중량으로 분할한 뒤 둥글리기하고 휴지(중간 발효)에 들어가게 되는데 이때 작업을 소홀히 하면 반죽이 가스를 보유하는 힘을 잃어버려 굽고 난 후 빵의 볼륨이 작고 식감이 좋지 않게 된다. 분할을 할 때는 반드시 반죽을 가벼운 동작으로 고르게 펴고 잘린 단면이 위로 올라가지 않도록 한 뒤 납작하게 만들어 분할한다. 만약 잘린 단면이 위로 올라간 상태로 둥글리기를 하면 그 부분으로 가스가 새어 나가 팽창하는 힘이 적어지니 반드시 잘린 단면을 아래쪽으로 두고 둥글려서 안쪽으로 들어가게끔 한다. 그래서 처음부터 반죽을 분할할 때 가볍게 눌러서 분할하는 것이 중요하다. 또 둥글리기를 할 때 너무 힘을 주어 표면이 찢어지는 경우에도 마찬가지로 가스 보유력을 잃어버리게 되니 반드시 주의하며 둥글리기해야 한다.

無
二.02

## 성형

성형은 특히 마무리 작업이기 때문에 분할할 때와 마찬가지로 반죽의 표면이 절대 찢어지지 않도록 조심해야 한다. 반죽 표면이 찢어지면 가스가 새어 나가면서 반죽이 잘 팽창되지 않고 빵속의 밀도가 높아져 묵직한 제품이 된다.
그래서 무이에서는 성형할 때 항상 아래 사항들을 유의하며 작업한다.

**① 적당한 양의 덧가루를 사용한다.**
너무 많은 덧가루를 사용하면 빵의 껍질이 두꺼워져 식감에 좋지 않은 영향을 준다.

반대로 덧가루를 너무 적게 사용하면 성형하면서 반죽이 여기저기 들러붙어 표면이 찢어지고 반죽 팽창에도 지장을 준다.

**② 성형하기 전에 가스를 뺄 때는 반드시 한쪽 방향으로만 뺀다.**
손으로 왔다갔다 가스를 빼다 보면 가스가 사방으로 분산된다. 고른 기공과 고른 팽창을 원한다면 반죽 내부의 가스를 뺄 때 균일한 힘으로 한 방향으로만 작업을 하는 것이 좋다.

**③ 반죽에 생성된 모든 가스를 빼지 않고 가볍게 성형한다.**
반죽 안의 모든 가스를 빼려고 하기보다는 반죽에 손이 많이 닿지 않도록 가볍게 성형하는 것이 좋다. 반죽에 손을 많이 댈수록 글루텐이 강해지기 때문에 반죽의 표면이 질겨진다. 또 가스를 뺄수록 단단하고 모양이 균일해져 외관상으로는 예쁘게 보일 수 있지만 막상 먹어 보면 식감이 좋지 않다. 반죽이 가진 그대로의 식감과 풍미를 살리기 위해 최대한 가볍게 성형한다.

위의 세 가지만 신경 쓰며 작업해도 볼륨 있고 가벼운 식감의 제품을 구울 수 있다.

無
二.03
굽기

**알맞은 정도의 발효 상태와 굽기**
보통 바게트를 기준으로 구워 나온 빵의 무게가 분할한 무게의 70%가 되는 것이 바람직하다고 한다. 예를 들면, 300g씩 분할한 바게트 반죽을 굽고 난 후의 무게가 210g이 되는 것이다. 이렇게 완성된 제품은 겉껍질이 얇으면서 바삭하고 빵속은 가볍게 씹혀 먹기 좋은 제품이 된다.
제품의 무게를 결정하는 것은 오븐에 넣기 전 반죽의 발효 상태와 굽기 정도이다. 발효가 덜 되면 빵이 무겁게 나오고 발효가 많이 되면 가볍게 나온다. 만약 원하는 색으로 빵을 구운 뒤 무게를 측정했는데 생각보다 무거워 조금 더 가볍게 만들고 싶다면 오븐 문을 열어 둔 채로 조금 더 구우며 말리는 방법도 있다. 반대로 만약 제품이 너무 가벼워 씹는 식감이 부족하다는 생각이 든다면 무게를 80% 정도로 맞추는 것이 좋다. 이처럼 본인이 추구하는 비율을 정해서 그것을 기준으로 매일 제품을 생산하면 일정한 퀄리티의 제품을 생산할 수 있다.

**고온으로 짧게 굽기**

제품의 특성에 따라 달라지기도 하지만 대체적으로 고온으로 짧게 굽는 것을 선호한다. 고온으로 구워 표면은 바삭한 반면 짧은 시간 굽기 때문에 수분이 많이 날아가지 않아 빵속이 촉촉하게 유지된다. 또 초반에 고온에 의해 순간적으로 수분이 증발하면서 오븐스프링이 크게 나타나 부피에 영향을 미치고 반죽 표면에 메일라드 반응이 빠르게 나타나 구움색이 잘 나면서 조금 더 광택이 있는 제품이 된다. 어떠한 제품을 추구하느냐에 따라 다르겠지만 무이에서는 빵속이 촉촉한 제품을 원하기 때문에 이와 같은 방법으로 대부분의 빵을 굽고 있다. 다만 틀에 넣어 구울 경우에는 높은 온도로 짧게 구우면 옆면이 주저앉거나 속까지 제대로 익지 않기 때문에 주의가 필요하다. 또 소보로나 스트로이젤처럼 밀가루와 버터를 가볍게 섞는 제품은 탈 수 있으므로 낮은 온도로 구워야 한다.

현재 무이에서 사용하는 오븐은 이탈리아 브랜드 'POLIN'의 데크 오븐으로, 상단이 꽤 높아 위에서 내리 쬐는 열이 다른 오븐에 비해 제품에 빠르게 닿지 않는다는 특징이 있다. 따라서 다른 오븐보다 윗불을 조금 더 높게 설정해 사용하고 있다. 상단이 높아서 복사열은 다소 약하지만 내부에서 순환이 잘 되어 대류열이 고르게 돌아 빵이 전체적으로 고르게 구워지는 오븐이다. **이 책에는 이러한 특징을 가진 POLIN의 오븐을 기준으로 레시피를 작성했기 때문에 다른 브랜드의 오븐을 사용한다면 윗불을 10~20℃ 정도 낮춰서 구울 필요가 있다.**

**스팀**

바게트 같은 하드 계열 제품들은 스팀을 넣어 굽는 것이 당연하지만 무이에서는 하드 계열 빵 외에도 대부분의 제품에 스팀을 넣는다. 물론 스팀을 넣지 않는 제품이 없는 것은 아니지만 스팀을 평균 이상으로 사용하는 이유는 다음과 같다.

• 스팀을 넣음으로써 오븐 내의 공기가 잘 순환되어 온도가 고르게 전달되고 그만큼 제품이 더욱 잘 팽창할 수 있도록 돕는다.
• 스팀으로 인해 제품 표면에 수분이 맺혀 은은한 광택이 나는 제품을 구울 수 있다.
• 메일라드 반응이 균일하게 나타나기 때문에 제품의 색이 고르게 나며 그만큼 잘 구워져 빵의 풍미를 끌어올린다.
• 빵껍질(크러스트)이 얇게 생성된다. 얇은 빵껍질은 빵을 처음 한입 베어 먹을 때 직관적으로 가장 맛있다고 느끼게 하는 부분이라고 생각해 얇은 빵껍질을 선호한다.

# 베이커리 무이의
## 탄생

헤아릴 수 없이 많은 빵을 먹어 본 우리는 같은 생각을 하게 되었다. '매일 먹어도 질리지 않는 빵을 만들어야겠다'는 것이다. 각자 다른 곳에서 일을 했지만 우리는 둘 다 잠시나마 일본 베이커리에서 근무하며 크게 느낀 점이 있었다. 빵은 정말 일상의 한 부분이라는 것이다. 대부분의 손님들은 아침에 출근하면서 아침 식사용으로 빵을 사거나 퇴근하면서 저녁 식사용으로 혹은 다음날 아침에 먹기 위해 빵을 사 갔다. 그런 점을 고려했을 때 '빵이 너무 자극적이라면 매일 먹기 힘들지 않을까? 우리는 매일 먹을 수 있는 빵을 만들고 싶은데'라는 생각을 하게 되었다. 이러한 생각을 바탕으로 무이를 만들었다. '빵을 디저트처럼 먹기보다는 일상이 되어야 한다. 그러기 위해서는 우리뿐만 아니라 손님들도 항상 먹을 수 있는 빵이어야 한다.'

무이가 추구하는 방향은 이름 그대로 '둘도 없는, 단 하나밖에 없는' 빵이다. 그러한 빵을 만들고 싶었고 무이를 방문하는 손님들도 무이의 빵 맛과 공간, 서비스 등 모든 부분에서 그렇게 느끼도록 하고 싶었다. 그래서 이름을 둘도 없다는 뜻의 무이(無二)로 지었다. 이를 위해 항상 아래 세 가지를 중요하게 여기며 무이를 이끌어 나가고 있지만 항상 부족한 느낌이다.

첫째, 매일 먹어도 질리지 않는, 자극적이지 않은 담백한 빵을 추구한다.
둘째, 손님이 빵을 더욱 맛있게 먹을 수 있도록 빵을 데워서 내거나 보관이 용이하게끔 포장한다.
셋째, 빵집의 따스한 온기가 손님들에게도 가득 전해질 수 있도록 팀워크를 돈독하게 만든다.

식빵은 우리가 꼽는 가장 무이스러운 제품이다. 무이의
식빵은 아주 촉촉하면서도 쫄깃한 식감을 자랑한다. 토스트나
샌드위치로 만들어 먹어도 좋지만 간단하게 버터나 잼을
곁들여 먹으면 더욱 맛있다.

이 식빵 반죽에는 우리가 추구하는 모든 것이 담겨 있다.
계속 언급했던 것처럼 '담백해서 아무리 먹어도 질리지
않고 다음날 먹어도 상태가 변하지 않는' 반죽이 바로 식빵
반죽이다. 다른 부재료를 사용하지 않아도 이 반죽만으로
가장 맛있는 빵을 만들 수 있다. 단순하지만 제품 본연의
향과 식감 등을 온전하게 즐길 수 있기 때문에 가장 무이다운
메뉴로 꼽는다.

# 식빵 반죽 만들기

## BASE DOUGH FOR BREAD

| 사용한 재료 | | 탕종법 ǀ 총중량 2,122g | |
|---|---|---|---|
| **탕종** | | **본반죽** | |
| T45 | 300g | 강력분 | 700g |
| 소금 | 20g | 설탕 | 60g |
| 물 | 430g | 트레할로스 | 20g |
| | | 드라이이스트 골드 | 12g |
| | | 생크림 | 150g |
| | | 물 | 360g |
| | | 발효 버터 | 70g |

### 셰프의 팁

계절에 따라 습도가 다르기 때문에 탕종에 넣는 물을 (밀가루
전체 양 대비)43~50%로 조절하여 사용한다. 아주 습한 여름
에는 43%까지 수분율을 낮추고 건조한 겨울에는 50%까지 수
분율을 높인나.

### 타임라인 ▶

| 5분 | 24시간 | 10분 | 60분 |
|---|---|---|---|
| 탕종 | 휴지 | 본반죽<br>24℃ | 1차 발효<br>실온 |

無
二.01

## 탕종법

### 만드는 방법

1  믹서볼에 T45와 소금을 넣고 섞은 다음 냄비에 물을 넣고 약 90℃가 될
때까지 끓여 믹서볼에 붓고 저속에서 1분, 고속에서 4분 동안 믹싱한다.

2  반죽이 마르지 않도록 비닐 또는 랩으로 잘 밀봉하여 냉장고(3~5℃)에 하루
동안 보관한 후 다음날 사용한다.

無
二.02

## 본반죽

### 만드는 방법

1 믹서볼에 냉장고에서 꺼낸 탕종을 넣고 가볍게 믹싱해 푼다.

2 발효 버터를 제외한 모든 재료를 넣고 저속에서 4분, 고속에서 4분 동안
반죽이 매끈한 상태가 될 때까지 믹싱한다.

3 발효 버터를 넣어 섞일 때까지 1~2분 동안 믹싱한다.

4 반죽을 90%까지 믹싱(반죽 온도 24℃)했다면 실온(24℃)에서 1시간
동안 1차 발효시킨다.

# 생식빵

무이를 자주 찾는 단골이라면 반드시 구매하는 제품이다. 무이는 언제 먹어도 좋은 담백한 빵을 추구하는데 생식빵이야말로 이 같은 특성을 가장 잘 나타내는 대표적인 메뉴이다. 빵 자체의 맛을 즐기기 위해서는 별도의 토핑이나 부가 재료 없이 두툼한 크기로 썰어 먹는 것이 좋다.

Premium Milk Bread

**타임라인 ▼**

- **준비**
  식빵 반죽 8,400g
  33×12.5×12.5㎝ 식빵틀

- **분할**
  300g

- [20분] **휴지**

- **성형**
  타원형

- [80분] **2차 발효**
  온도 29℃, 습도 85%

- [40분] **굽기**
  윗불 225℃, 아랫불 225℃

- **완성**

**사용한 재료**

| 탕종 | | 본반죽 | |
|---|---|---|---|
| T45 | 1,200g | 강력분 | 2,800g |
| 소금 | 80g | 설탕 | 240g |
| 물 | 1,720g | 트레할로스 | 80g |
| | | 드라이이스트 골드 | 48g |
| | | 생크림 | 600g |
| | | 물 | 1,440g |
| | | 발효 버터 | 280g |

5-1          5-2          6

## 만드는 방법

**1~4**   p.31 식빵 반죽 본반죽 공정과 같음

**5**     1차 발효가 끝난 식빵 반죽을 300g씩 분할해 둥글리기 한 뒤 실온에서
      20분 동안 휴지시킨다.

**6**     표면이 찢어지지 않도록 가볍게 재둥글리기해 타원형으로 만든다.

**7**     33×12.5×12.5㎝ 식빵틀에 반죽 4개를 넣은 뒤 온도 29℃, 습도 85%
      발효실에서 1시간 20분 동안 2차 발효시킨다.

**8**     스프레이로 반죽 표면에 물을 뿌린 뒤 뚜껑을 닫고 윗불 225℃, 아랫불
      225℃ 데크 오븐에서 40분 동안 굽는다.

**9**     오븐에서 꺼내 바닥에 내려친 뒤 틀에서 빼고 식힘망으로 옮겨 식힌다.

7          8-1          8-2

# 슈거토스트

무이의 생식빵이 아닌 어떠한 식빵으로 만들어도 맛있고 간단한 레시피이다. 식빵뿐만 아니라 브리오슈, 바게트 등 여러 다른 빵으로 만들어도 괜찮다. 생식빵을 사용할 경우 두껍게 썰어서 제품 본연의 식감을 느낄 수 있게 하는 것이 포인트이다.

Sugar Toast

**타임라인 ▼**

— **준비**
생식빵 1/2개

— **분할**
두께 2㎝ 4조각

[ 15분 ] — **굽기**
윗불 230℃, 아랫불 170℃

— **완성**

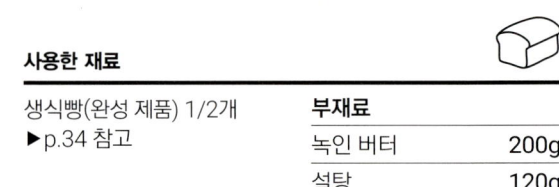

**사용한 재료**

| 생식빵(완성 제품) 1/2개 | **부재료** | |
| --- | --- | --- |
| ▶p.34 참고 | 녹인 버터 | 200g |
| | 설탕 | 120g |

### 만드는 방법

1   생식빵을 2㎝ 두께로 4조각 자른다.
2   따뜻하게 녹인 버터에 자른 생식빵을 넣어 앞뒤를 골고루 적신다.
3   버터에 적신 생식빵의 한쪽을 설탕에 찍는다.
4   베이킹팬에 설탕이 묻은 면이 위를 향하게 놓고 윗불 230℃, 아랫불 170℃
    데크 오븐에서 약 15분 동안 노릇해질 때까지 굽고 식힌다.

# 소금빵

무이의 소금빵은 식빵 반죽을 사용해 만든다. 소금빵에 식빵 반죽을 사용하는 이유는 일상에서 많이 찾는 모닝빵처럼 담백하면서도 부드러운 식감과 풍미를 느낄 수 있도록 하기 위해서이다. 그래서 무이의 소금빵은 당일이 아닌 다음날 먹어도 충분히 촉촉하고 쫄깃하다. 버터 또한 과하지 않아 부담이 없다.

**Salt Bread**

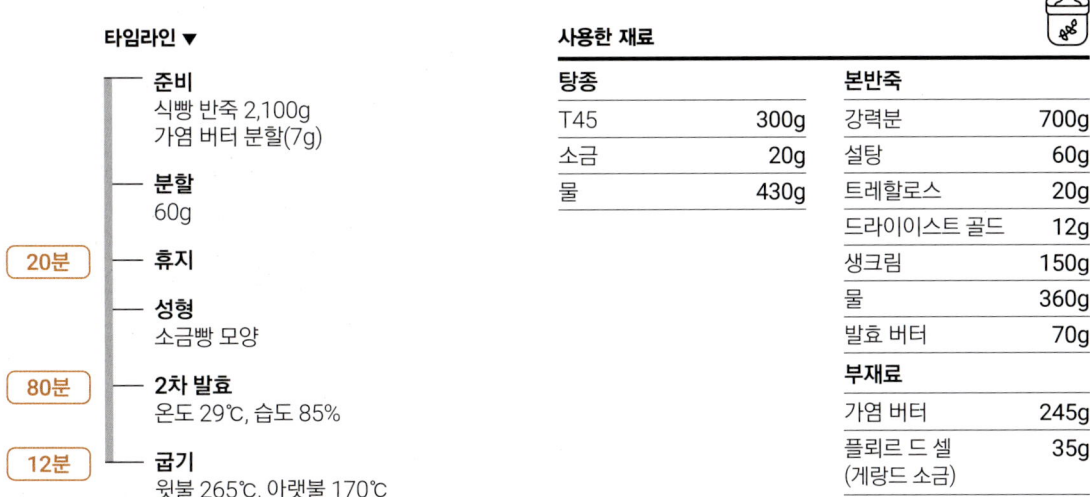

**타임라인 ▼**

— **준비**
식빵 반죽 2,100g
가염 버터 분할(7g)

— **분할**
60g

20분 — **휴지**

— **성형**
소금빵 모양

80분 — **2차 발효**
온도 29℃, 습도 85%

12분 — **굽기**
윗불 265℃, 아랫불 170℃

**사용한 재료**

| 탕종 | |
|---|---|
| T45 | 300g |
| 소금 | 20g |
| 물 | 430g |

| 본반죽 | |
|---|---|
| 강력분 | 700g |
| 설탕 | 60g |
| 트레할로스 | 20g |
| 드라이이스트 골드 | 12g |
| 생크림 | 150g |
| 물 | 360g |
| 발효 버터 | 70g |

| 부재료 | |
|---|---|
| 가염 버터 | 245g |
| 플뢰르 드 셀 (게랑드 소금) | 35g |

6-1

6-2

6-3

**만드는 방법**

**1~4** p.31 식빵 반죽 본반죽 공정과 같음
**5**    식빵 반죽을 60g씩 분할한다.
**6**    가볍게 둥글리기한 뒤 살짝 누르며 작업대에 굴려
      올챙이 모양으로 만들고 20분 동안 휴지시킨다.
**7**    휴지시킨 반죽의 가는 부분을 잡고 밀대로 길게
      밀어 편다.

7

8-1

8-2

8  넓은 부분에 7g으로 맞춰 자른 가염 버터 조각을 하나 올리고
   위에서 아래쪽으로 돌돌 만다.

9  이음매가 바닥을 향하게 베이킹팬에 놓고 온도 29℃, 습도 85%
   발효실에서 약 1시간 20분 동안 2차 발효시킨다.

10 스프레이로 반죽에 물을 뿌리고 플뢰르 드 셀을 소량(약 1g) 뿌려
   윗불 265℃, 아랫불 170℃ 데크 오븐에 약 12분 동안 굽는다.

11 구운 뒤 팬에 그대로 두어 식힌다.

   TIP 소금빵을 구운 후 식을 때까지 팬에 그대로 두면 구우면서
   새어 나온 버터가 식으면서 빵의 바닥 부분이 바삭해진다. 그래서
   빵을 식힘망으로 너무 빨리 옮기면 바삭함이 줄어들고 버터 풍미도
   덜하다.

9

10-1

10-2

# 두유식빵

물을 두유로 100% 대체해 만든 식빵이다. 유제품을 사용하지 않아 유당 불내증이 있는 사람도 먹을 수 있으며 두유를 넣기 때문에 씹을수록 고소한 맛을 낸다. 탕종을 사용해 식감도 쫄깃하다. 식빵에 흔히 사용하지 않는 흑설탕과 메이플시럽을 넣은 것이 특징이다. 두유와 흑설탕 그리고 메이플시럽의 풍미가 조화로워 두 재료를 함께 사용했다.

Soy Milk Bread

**타임라인 ▼**

| | |
|---|---|
| | **준비**<br>13×5.5×4.5cm 미니식빵틀 |
| 5분 | **탕종** |
| 24시간 | **휴지** |
| 8분 | **본반죽**<br>24℃ |
| 60분 | **1차 발효**<br>실온 |
| | **분할**<br>60g |
| 20분 | **휴지** |
| | **성형**<br>원형 |
| 90분 | **2차 발효**<br>온도 29℃, 습도 85% |
| 25분 | **굽기**<br>윗불 215℃, 아랫불 235℃ |

**사용한 재료**

| 탕종 | | 본반죽 | |
|---|---|---|---|
| T45 | 300g | 강력분 | 700g |
| 소금 | 20g | 흑설탕 | 100g |
| 물 | 430g | 드라이이스트 골드 | 12g |
| | | 두유 | 500g |
| | | 메이플시럽 | 50g |
| | | 쇼트닝 | 80g |
| | | **부재료** | |
| | | 세몰리나 | 적당량 |

## 만드는 방법

### 탕종

**1** 믹서볼에 강력분과 소금을 넣어 고루 섞는다.

**2** 냄비에 물을 넣고 약 90℃가 될 때까지 끓인 뒤 믹서볼에 부어
저속에서 1분, 고속에서 4분 동안 믹싱한다.

**3** 반죽을 볼로 옮겨 마르지 않게 랩으로 감싼 뒤 냉장고에서 하루 동안
숙성시킨다.

### 본반죽

**1** 믹서볼에 쇼트닝과 세몰리나를 제외한 모든 재료를 넣고 저속에서 4분 동안 믹싱한다.
(TIP) 레시피보다 양이 많다면 냉장고에서 꺼낸 탕종을 먼저 가볍게 믹싱해 푼다.

**2** 고속에서 한 덩어리가 될 때까지 2분 동안 믹싱한 후 쇼트닝을 넣는다.

**3** 반죽을 약 2분 동안 90%까지 더 믹싱한다(반죽 온도 24℃).

**4** 실온(24℃)에서 1시간 동안 1차 발효시킨다.

**5** 1차 발효가 끝난 두유식빵 반죽을 60g씩 분할한다.

1

2

3-1

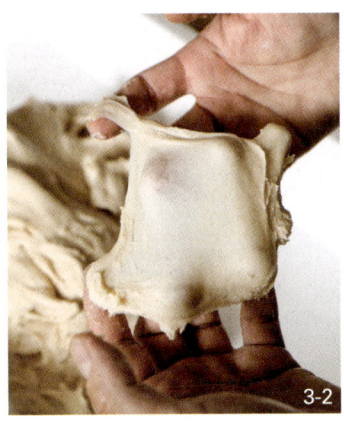
3-2

4-1

4-2

6-1

6-2

7-1

7-2

**6**  가볍게 둥글리기 후 20분 동안 휴지시킨다.

**7**  다시 둥글리기하고 스프레이로 물을 뿌린 뒤 세몰리나를 묻힌다.

**8**  13×5.5×4.5㎝ 미니식빵틀에 반죽을 3개씩 넣은 뒤 온도 29℃, 습도 85% 발효실에서 1시간 30분 동안 2차 발효시킨다.

**9**  틀 높이의 약 1㎝ 아래까지 반죽이 부풀면 윗불 215℃, 아랫불 235℃ 데크 오븐에서 25분 동안 굽는다.

**10** 오븐에서 꺼내 바닥에 내려친 뒤 팬에서 빼고 식힘망으로 옮겨 식힌다.

(TIP) 탕종을 넣어 반죽이 묵직하므로 구운 뒤 오븐에서 꺼낼 때 반드시 바닥에 강하게 내려쳐 수분을 날려 주어야 제품이 주저앉지 않는다.

8

9

베이커리 운영에서 가장 중요한 것은 빵의 품질이지만 이에 못지않게 중요한 것이
함께 가게를 이끌어 가는 구성원들이다. 항상 같은 품질의 제품을 생산하기 위해서는
팀 내 구성원들의 합, 즉 팀워크가 좋아야 한다. 구성원들이 오랫동안 지속적이고

# 이달의
# 무이

항상 다양한 제품을 만들고 있지만 특별히 '이달의 무이'라는 콘셉트로 매달 새로운 제품을 메인 메뉴로 선보이고 있다. '이달의 무이' 제품은 손님들의 반응에 따라 정규 상품이 되기도 하고 한철 사랑받는 시즌 상품이 되기도 한다.

운영자인 우리 부부가 직접 만드는 경우도 있지만 근무하는 팀원들에게 신제품을 만들어 보라고 독려하기도 한다. 일단 팀원이 아이디어를 내면 무이의 방향성과 제품의 특성을 고려해 다시 수정 작업을 여러 번 거친 후 '이달의 무이'가 탄생하게 된다.

'이달의 무이' 작업을 통해 메뉴 개발의 중요성을 인식하고 각자 메뉴 개발을 위한 공부를 계속할 수 있다. 끊임없는 아이디어와의 싸움, 재료의 특성과 조화, 새로운 제품을 만들 때 고려해야만 하는 작업 시스템 등 그동안 간과했던 많은 요소를 생각하며 신제품을 만들어 가는 과정은 베이커로서 단련되는 시간이다.

또 이 과정을 거쳐 신제품을 만든 팀원에게는 그에 따른 성취감과 다양한 기회를 얻을 수 있도록 하고 있는데, 그중 하나는 '이달의 무이'에 선정되는 제품으로 만드는 포스터이다. 별것 아닌 것 같아도 자신이 만든 제품의 모습이 담긴 포스터가 매장에 걸려 있는 경험은 남다른 만족감과 뿌듯함을 선사한다.

無二
**PAPER**

6月　Shiitake calzone
표고버섯 깔조네

과하지 않은 담백함,
매일 즐길 수 있는 無
二
브리오슈

브리오슈 반죽은 무이에서 거의 절반의 제품에 쓸 정도로
활용도가 높다. 고배합 반죽으로 부드럽고 풍부한 맛을
가지면서도 과하지 않고 먹기도 편해 다양한 신메뉴에
사용하고 있다. 브리오슈 반죽은 버터가 많이 들어가기 때문에
노화가 천천히 진행되어 시간이 지나도 식감의 변화가 크지
않다. 그래서 무이가 추구하는 방향성과도 잘 맞는다고
생각한다.

버터가 많이 들어가는 반죽인 만큼 어떤 버터를 사용하
느냐에 따라 풍미가 확연히 달라진다. 무이는 담백한 맛을
추구하기 때문에 프레시한 느낌의 버터를 사용하는 편이다.
그렇다고 한 가지 버터를 고집하는 것은 아니고 지속적으로
변화를 주기 위해 다양한 버터를 사용하는데, 현재는 반죽에
발효 버터인 FIT 프렌치 고메 버터를 사용하고 있다. 묵직한
버터를 사용하면 처음 몇 입은 굉장히 맛있지만 자주
먹으면 질릴 수 있어서 브리오슈라 하더라도 최대한 담백한
반죽을 만드는 것이 목표이다.

# 브리오슈 반죽 만들기

**BASE DOUGH FOR BRIOCHE**

### 사용한 재료

오버나이트법 | 총중량 2,363g

| | | | |
|---|---|---|---|
| 강력분 | 1,000g | 달걀 | 360g |
| 소금 | 20g | 우유 | 270g |
| 설탕 | 150g | 르뱅 리키드 | 100g |
| 세미드라이이스트 골드 | 13g | 버터 | 450g |

### 타임라인 ▶

| 10분 | 20분 | 12시간 |
|---|---|---|
| 본반죽 | 1차 발효 | |
| 24℃ | 실온 | 냉장 |

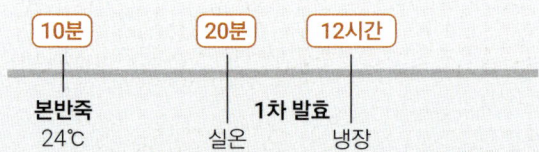

無
二.

브리오슈
반죽

### 만드는 방법

1 믹서볼에 버터를 제외한 모든 재료를 넣고 저속(1단)에서 4분 동안 믹싱한다.

2 고속(2단)에서 6분 동안 믹싱하며 버터를 3번에 걸쳐 나누어 넣고 반죽이 잘 늘어날 때까지 믹싱한다.

3 실온에서 20분 동안 1차 발효시킨 뒤 펀치하고 냉장고(3℃)에서 12시간 이상 저온 숙성시킨다.

TIP 브리오슈는 버터 함량이 높은 제품이므로 버터를 한 번에 다 넣지 않고 나눠서 넣는다. 물 대신 우유를 넣어 이미 유지방이 많이 포함된 반죽이긴 하지만 버터를 한 번에 다 넣으면 잘 섞이지 않아 믹싱 시간이 길어질 수 있다. 그래서 초반부터 조금씩 나누어 넣어 골고루 섞일 수 있게끔 한다. 버터가 말랑한 상태라면 믹싱 후반부에 넣기 시작하고, 단단하다면 믹싱 초반부터 넣기 시작한다.

2-1

2-2

3-1

3-2

# 브레산느

브레산느는 최소한의 재료를 사용해 브리오슈 반죽의 맛을 제대로 느낄 수 있는 제품이다. 버터 풍미가 좋은 브리오슈 반죽 위에 버터와 설탕만을 올려 구워 내고 향긋한 리큐어를 뿌려 마무리했다. 가장 기본적인 제품이지만 반죽 본연의 풍미와 식감을 살리기에 충분한 제품이다.

Brioche Bressane

**타임라인 ▼**

| | |
|---|---|
| | **준비**<br>브리오슈 반죽 2,310g |
| | **분할**<br>55g |
| **60분** | **해동** |
| | **성형**<br>지름 10㎝ 원형 |
| **50분** | **2차 발효**<br>온도 29℃, 습도 85% |
| **12분** | **굽기**<br>윗불 230℃, 아랫불 190℃ |
| | **마무리**<br>럼 뿌리기 |

**사용한 재료**

| 브리오슈 반죽 | | 부재료 | |
|---|---|---|---|
| 강력분 | 1,000g | 달걀 | 적당량 |
| 소금 | 20g | 버터(실온) | 882g |
| 설탕 | 150g | 설탕 | 420g |
| 세미드라이이스트 골드 | 13g | 럼 | 적당량 |
| 달걀 | 360g | | |
| 우유 | 270g | | |
| 르뱅 리키드 | 100g | | |
| 버터 | 450g | | |

**1~3** p.50 브리오슈 반죽 공정과 같음

**4** 냉장고에서 저온 숙성한 브리오슈 반죽을 꺼내
55g씩 분할하고 둥글리기한다.

**5** 실온에서 약 1시간 동안 반죽 온도가 17℃ 이상으로
오를 때까지 둔다.

**6** 밀대로 반죽을 지름 10㎝ 원형으로 밀어 편다.

**7** 베이킹팬에 올려 온도 29℃, 습도 85% 발효실에서
약 1시간 동안 2차 발효시킨다.

8-1

8-2

8  반죽 윗면에 달걀물을 바르고 손에 물을 묻힌 뒤 손가락 끝으로 반죽을 눌러
   2-3-2 배열의 홈을 만든다.

9  홈마다 부드럽게 푼 상태의 버터 약 21g을 짜 넣는다.

10  윗면 전체에 설탕을 골고루 뿌린다.

11  윗불 230℃, 아랫불 190℃ 데크 오븐에서 약 12분 동안 구움색이 고르게
   날 때까지 굽는다.

12  오븐에서 꺼낸 뒤 럼을 뿌리고 식힌다.

9

10

# 앙버터

보통의 앙버터처럼 단단한 하드계열 빵으로 만들지 않고 브리오슈 반죽으로 보다 먹기 편하게 만들었다. 특히 가염 버터를 사용해 브리오슈 반죽과 달달한 팥소 필링이 적절히 어우러지도록 했다. 적당한 씹는 맛이 나도록 통팥을 사용하고 당도가 지나치게 높지 않게 저당 팥을 쓰는 것이 특징이다.

*Red Bean Butter Sandwich*

**타임라인 ▼**

| | |
|---|---|
| | **준비** 브리오슈 반죽 2,310g 가염 버터 슬라이스(30g) 13×5.5×4.5㎝ 미니식빵틀 |
| 80분 | **분할** 55g |
| 60분 | **해동** |
| | **성형** 원형 |
| 60분 | **2차 발효** 온도 29℃, 습도 85% |
| 15분 | **굽기** 윗불 225℃, 아랫불 225℃ |
| | **마무리** 식힌 후 커팅 및 통팥소와 버터 넣기 |

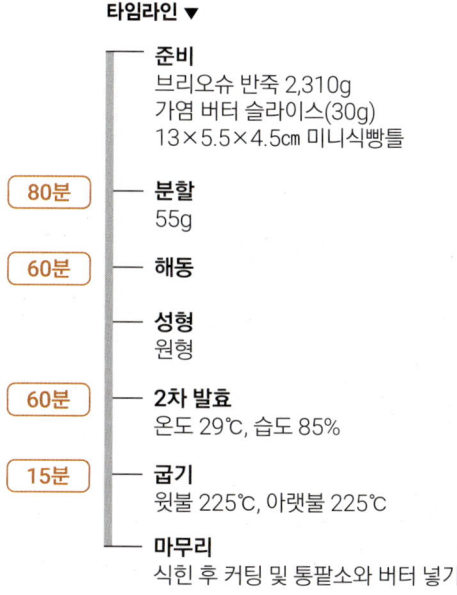

**사용한 재료**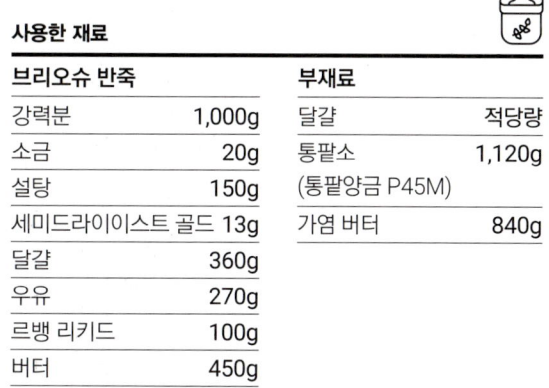

| 브리오슈 반죽 | | 부재료 | |
|---|---|---|---|
| 강력분 | 1,000g | 달걀 | 적당량 |
| 소금 | 20g | 통팥소 | 1,120g |
| 설탕 | 150g | (통팥앙금 P45M) | |
| 세미드라이이스트 골드 | 13g | 가염 버터 | 840g |
| 달걀 | 360g | | |
| 우유 | 270g | | |
| 르뱅 리키드 | 100g | | |
| 버터 | 450g | | |

## 만드는 방법

**1~3** p.50 브리오슈 반죽 공정과 같음

**4** 냉장고에서 저온 숙성시킨 브리오슈 반죽을 꺼내 55g으로 분할한 뒤 둥글리기한다.

**5** 실온에서 약 1시간 동안 반죽의 온도가 17℃ 이상으로 오를 때까지 둔다.

**6** 분할한 반죽을 다시 둥글리기해 13×5.5×4.5㎝ 미니식빵틀에 3개씩 넣는다.

　　(TIP) 반죽을 틀에 넣을 때 한쪽 면에 닿도록 넣는다. 틀 한쪽에 붙여 넣으면 벽면이 지지대 역할을 하면서 다른 쪽으로 균일하게 발효된다.

**7** 온도 29℃, 습도 85%의 발효실에서 약 1시간 동안 2차 발효시킨다.

**8** 틀 높이의 약 1㎝ 아래까지 반죽이 부풀면 발효실에서 꺼내 표면을 살짝 건조시키고 잘 푼 달걀을 얇게 바른다.

9 윗불 225℃, 아랫불 225℃ 데크 오븐에서 약 15분 동안
　　색이 고르게 날 때까지 굽는다.

10 틀에서 빼 식힌다.

11 식은 빵의 윗면을 수직으로 살짝 자르고 갈라 한쪽 면에
　　통팥소 50g을 바른다.

12 슬라이스한 가염 버터 2조각을 끼워 넣는다.

13 윗면에 통팥소 약 30g을 조금씩 더 얹는다.

# 라즈베리잼 소보로

라즈베리잼 소보로는 달콤함과 고소함에 상큼한 맛을 더해 질리지 않고 먹을 수 있도록 만든 메뉴이다.
땅콩버터로 만든 소보로와 라즈베리 필링잼이 조화를 이루어 맛있는 조합을 만들어 낸다.

Raspberry Jam Streusel Bread

**타임라인 ▼**

**준비**
브리오슈 반죽 2,310g
소보로 토핑

**분할**
55g

[60분] **해동**

**성형**
원형

[60분] **2차 발효**
온도 29℃, 습도 85%

[12분] **굽기**
윗불 250℃, 아랫불 180℃

**마무리**
식힌 뒤 라즈베리 필링잼 충전
데코스노우 장식

**사용한 재료**

| 브리오슈 반죽 | | 소보로 토핑 | |
|---|---|---|---|
| 강력분 | 1,000g | 버터 | 240g |
| 소금 | 20g | 땅콩버터 | 120g |
| 설탕 | 150g | 설탕 | 360g |
| 세미드라이이스트 골드 | 13g | 달걀 | 132g |
| 달걀 | 360g | 중력분 | 600g |
| 우유 | 270g | 베이킹파우더 | 12g |
| 르뱅 리키드 | 100g | 전지분유 | 30g |
| 버터 | 450g | **부재료** | |
| | | 소보로 토핑 | 1,260g |
| | | 라즈베리 필링잼 | 840g |
| | | 데코스노우 | 적당량 |

## 만드는 방법

### 소보로 토핑

**1** 믹서볼에 버터와 땅콩버터를 넣고 부드러워질 때까지 믹싱한다.

**2** 설탕을 넣고 설탕 입자가 50% 정도 남아 있을 때까지 믹싱한다.

**3** 달걀을 3번에 나누어 넣으며 믹싱한다.

**4** 함께 체 친 중력분, 베이킹파우더, 전지분유를 넣고 가루가 살짝 남아 있을 정도로 믹싱한다.

**5** 볼의 아래쪽 반죽이 잘 섞이지 않았다면 손으로 나머지 부분을 고슬고슬한 상태로 섞어 마무리한다.

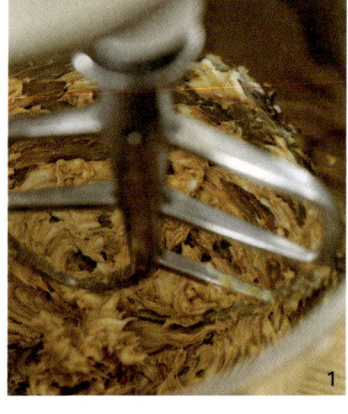

### 라즈베리잼 소보로

**1~3** p.50 브리오슈 반죽 공정과 같음

**4** 냉장고에서 저온 숙성한 브리오슈 반죽을 꺼내 55g으로 분할하고 둥글리기한다.

**5** 실온에서 약 1시간 동안 반죽 온도가 17℃ 이상으로 오를 때까지 둔다.

**6** 분할한 반죽을 다시 한 번 둥글리기 한다.

**7** 소보로 토핑 30g을 손으로 살짝 뭉친 후 테이블 위에 펼쳐 놓는다.

**8** 둥글리기 해놓은 반죽 윗면에 스프레이로 물을 뿌린 뒤 소보로 토핑이 묻게끔 반죽을 뒤집어 찍는다.

**9** 온도 29℃, 습도 85%의 발효실에서 약 1시간 동안 2차 발효시킨다.

**10** 윗불 250℃, 아랫불 180℃ 데크 오븐에서 약 12분 동안 굽는다.

**11** 충분히 식힌 뒤 윗면 중앙에 구멍을 뚫어 라즈베리 필링잼을 20g씩 짜 넣는다.

**12** 데코스노우를 뿌려 마무리한다.

# 가염 모카번

모카향이 향긋하긴 하지만 모카번을 그냥 먹기에는 조금 심심하지 않을까 싶어 고안해 낸 제품이다.
달달하면서도 약간 쓸쓸한 맛을 가진 모카번에 가염 버터의 짭짤한 맛이 더해져 풍미가 한층 깊어진다.

*Salted Mocha Bun*

**타임라인 ▼**

| | | |
|---|---|---|
| | **준비** | |
| | 브리오슈 반죽 2,310g | |
| | 가염 버터 분할(10g) | |
| **24시간** | **모카번 토핑** | |
| | **분할** | |
| | 55g | |
| **60분** | **해동** | |
| | **성형** | |
| | 원형 | |
| **60분** | **2차 발효** | |
| | 온도 29℃, 습도 85% | |
| **13분** | **굽기** | |
| | 윗불 250℃, 아랫불 180℃ | |

**사용한 재료**

| 브리오슈 반죽 | | 모카번 토핑 | |
|---|---:|---|---:|
| 강력분 | 1,000g | 버터 | 220g |
| 소금 | 20g | 설탕 | 220g |
| 설탕 | 150g | 달걀 | 220g |
| 세미드라이이스트 골드 | 13g | 커피향 에센스(로띠카페) | 22g |
| 달걀 | 360g | 박력분 | 220g |
| 우유 | 270g | **부재료** | |
| 르뱅 리키드 | 100g | 가염 버터 | 420g |
| 버터 | 450g | | |

65

## 만드는 방법

**모카번 토핑**

1  믹서볼에 버터를 넣고 부드러운 상태로 믹싱한 다음 설탕을 넣어
   설탕이 50%정도 녹을 때까지 믹싱한다.
2  달걀과 커피향 에센스를 섞는다.
3  1에 2를 3번에 걸쳐 나누어 넣으며 믹싱한다.
4  박력분을 넣고 가루가 보이지 않을 때까지 믹싱한 후 짤주머니에 담아
   하루 동안 냉장고에 보관한다.

**가염 모카번**

**1~3** p.50 브리오슈 반죽 공정과 같음

**4** 냉장고에서 저온 숙성한 브리오슈 반죽을 꺼내 55g씩 분할하고
둥글리기한다.

**5** 실온에서 약 1시간 동안 반죽 온도가 17℃ 이상으로 오를 때까지 둔다.

**6** 반죽을 납작하게 누른 뒤 가염 버터 10g을 올려 감싸고 둥글게 성형한다.

**7** 온도 29℃, 습도 85%의 발효실에서 약 1시간 동안 2차 발효시킨다.

**8** 반죽 위에 모카번 토핑을 약 20g씩 얇게 짠다.

　　(TIP) 너무 두껍지 않게 짜야 표면에 토핑이 전체적으로 입혀진다. 두껍게
　　짤 경우에는 토핑이 묶어 아래로 많이 흐른 상태로 구워진다.

**9** 윗불 250℃, 아랫불 180℃ 데크 오븐에서 약 13분 동안 구운 뒤 식힌다.

5

6-1

6-2

7

8

67

# 부드러운 팥빵

부드러운 팥빵은 팥소만 사용한 제품이 아니라 통팥소에 마스카르포네를 섞어 부드러운 질감과 맛을 한층 끌어올린 빵이다. 또한 부드러운 팥빵이라는 이름대로 너무 부드럽기만 하면 조금 아쉬울 것 같아 호두 분태로 씹는 맛을 더했다. 호두 분태는 한 번 삶은 뒤 구워 팥소와 호두가 이질감 없이 잘 어우러지도록 했다.

*Soft Red Bean Bread*

**타임라인 ▼**

- **준비**
  브리오슈 반죽 2,310g
  팥 필링
- **분할**
  55g
- [60분] **해동**
- **성형**
  원형
- [60분] **2차 발효**
  온도 29℃, 습도 85%
- [12분] **굽기**
  윗불 250℃, 아랫불 180℃

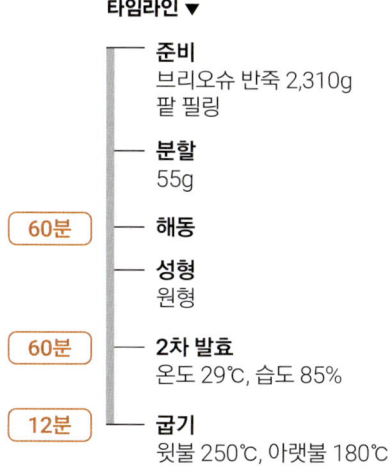

**사용한 재료**

| 브리오슈 반죽 | | 팥 필링 | |
| --- | --- | --- | --- |
| 강력분 | 1,000g | 호두 분태 | 360g |
| 소금 | 20g | 통팥소 | 1,800g |
| 설탕 | 150g | 마스카르포네 | 360g |
| 세미드라이이스트 골드 | 13g | 시나몬 파우더 | 2g |
| 달걀 | 360g | | |
| 우유 | 270g | | |
| 르뱅 리키드 | 100g | | |
| 버터 | 450g | | |

## 만드는 방법

### 팥 필링

**1** 냄비에 호두 분태가 잠길 정도로 물을 넣고 팔팔 끓어오를 때까지 가열한 뒤 체에 밭쳐 물기를 제거한다.

**2** 베이킹팬에 펼쳐 넣고 윗불 180℃, 아랫불 180℃ 데크 오븐에서 물기가 없어질 때까지 약 15~20분 동안 구운 뒤 식힌다.

**3** 볼에 통팥소, 마스카르포네, 시나몬 파우더, 식힌 호두 분태를 넣어 골고루 섞는다.

### 팥빵

**1~3** p.50 브리오슈 반죽 공정과 같음

**4** 냉장고에서 저온 숙성한 브리오슈 반죽을 꺼내 55g씩 분할하고 둥글리기한다.

**5** 실온에서 약 1시간 동안 반죽 온도가 17℃ 이상으로 오를 때까지 둔다.

**6**  반죽을 밀대로 납작하게 밀어 편 후 팥 필링을 60g씩 올려 감싸고 납작하게 눌러 성형한다.

**7**  온도 29℃, 습도 85%의 발효실에서 약 1시간 동안 2차 발효시킨다.

**8**  반죽 위에 테플론 시트와 베이킹팬을 차례대로 올려 덮어 누른다.

    **TIP** 제품이 구워지면서 반죽 내부의 수분으로 인해 팽창하여 팥과 빵이 분리된 듯 느껴질 수 있다. 그래서 이를 방지하기 위해 무거운 베이킹팬으로 강하게 눌러 내부에 빈 공간이 생기지 않도록 한다.

**9**  윗불 250℃, 아랫불 180℃ 데크 오븐에서 약 12분 동안 구운 뒤 식힌다.

# 구운 커스터드 크림번

예전에는 많은 빵집에서 만들어 팔았는데 최근 국내에서는 판매하는 곳을 찾기가 쉽지 않다. 하지만 일본에서는 대부분의 빵집에 있는 아주 흔한 제품으로, 우리 부부가 좋아하는 빵 중 하나이다. 커스터드 크림은 그 자체로도 맛있지만 부드러운 브리오슈 반죽과 함께 구우면 부드러우면서도 특유의 질감이 있어 특색 있는 제품이 된다.

Baked Custard Cream Bun

**타임라인 ▼**

— **준비**
　브리오슈 반죽 2,310g

**24시간** — **커스터드 크림**

— **분할**
　55g

**60분** — **해동**

— **성형**
　원형

**60분** — **2차 발효**
　온도 29℃, 습도 85%

**12분** — **굽기**
　윗불 250℃, 아랫불 180℃

— **마무리**
　슈거파우더 장식

**사용한 재료**

| 브리오슈 반죽 | |
|---|---|
| 강력분 | 1,000g |
| 소금 | 20g |
| 설탕 | 150g |
| 세미드라이이스트 골드 | 13g |
| 달걀 | 360g |
| 우유 | 270g |
| 르뱅 리키드 | 100g |
| 버터 | 450g |

| 커스터드 크림 | |
|---|---|
| 우유 | 1,600g |
| 설탕A | 200g |
| 바닐라 빈 | 1개 |
| 노른자 | 352g |
| 설탕B | 200g |
| 옥수수 전분 | 64g |
| 박력분 | 64g |
| 발효 버터 | 192g |
| 럼 | 1뚜껑 |

| 부재료 | |
|---|---|
| 아몬드 슬라이스 | 적당량 |
| 슈거파우더 | 적당량 |

## 만드는 방법

**커스터드 크림**

**1** 냄비에 우유, 설탕A, 바닐라 빈의 씨를 넣고 눌어붙지 않을 정도로 끓인다.

**2** 볼에 노른자와 설탕B를 넣어 거품기로 섞은 뒤 옥수수 전분과 박력분을 넣고 가볍게 섞는다.

**3** 2에 1을 조금씩 부으면서 섞는다.

**4** 다시 냄비에 옮겨 거품기로 저으면서 농도가 되직했다가 다시 묽어질 때까지 끓인다.

(TIP) 농도가 되직해졌을 때 가열을 멈추고 식히기 위해 냉장고에 넣으면 오히려 크림이 묽어진다. 되직해졌다가 다시 묽어지는 상태가 될 때까지 끓여야 식혔을 때 어느 정도 단단함을 갖춘 커스터드가 된다. 크림번은 반죽에 크림을 넣고 감싸기 때문에 크림이 묽다면 흘러나올 가능성이 크다.

**5** 불에서 내려 발효 버터와 럼을 넣고 섞은 뒤 체에 거른다.

(TIP) 럼은 건조 바닐라 빈 깍지를 넣어 숙성시킨 팡 럼을 사용했다.

**6** 보관 용기에 담아 윗면에 물기가 고이지 않게끔 랩을 밀착시켜 덮은 뒤 냉장고에서 하루 동안 식히고 다음날 사용한다.

6-1

6-2

6-3

## 구운 커스터드 크림번

**1~3** p.50 브리오슈 반죽 공정과 같음

**4** 냉장고에서 저온 숙성한 브리오슈 반죽을 꺼내 55g씩 분할하고
둥글리기한다.

**5** 실온에서 약 1시간 동안 반죽 온도가 17℃ 이상으로 오를 때까지 둔다.

**6** 반죽을 밀대로 납작하게 밀어 편 후 커스터드 크림을 60g씩 올려 감싸고
납작하게 눌러 성형한다.

**7** 온도 29℃, 습도 85%의 발효실에서 약 1시간 동안 2차 발효시킨다.

**8** 반죽에 스프레이로 물을 뿌린 뒤 아몬드 슬라이스를 올린다.

**9** 윗불 250℃, 아랫불 180℃ 데크 오븐에서 약 12분 동안 구운 뒤 식힌다.

**10** 제품 윗면에 슈거파우더를 뿌려 마무리한다.

6-4

8

10

# 애플잼 & 크림 코로네

애플잼 & 크림 코로네는 무이의 애플 브리오슈와 구성이 비슷하지만 또 다른 매력을 가진 제품이다. 사과 알갱이가 씹히는 사과잼과 커스터드가 조화를 이루어 언제 먹어도 질리지 않는다. 또 길쭉한 모양을 하고 있어 잼과 커스터드, 브리오슈 반죽을 한입에 먹을 수 있기 때문에 먹기도 편하다.

Apple Jam & Cream Cornet Bread

**타임라인 ▼**

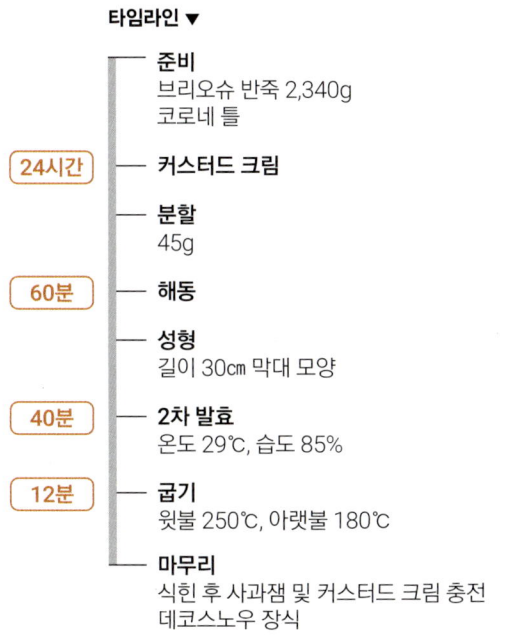

| | 타임라인 |
|---|---|
| | **준비**<br>브리오슈 반죽 2,340g<br>코로네 틀 |
| 24시간 | **커스터드 크림** |
| | **분할**<br>45g |
| 60분 | **해동** |
| | **성형**<br>길이 30㎝ 막대 모양 |
| 40분 | **2차 발효**<br>온도 29℃, 습도 85% |
| 12분 | **굽기**<br>윗불 250℃, 아랫불 180℃ |
| | **마무리**<br>식힌 후 사과잼 및 커스터드 크림 충전<br>데코스노우 장식 |

**사용한 재료**

| 브리오슈 반죽 | | 커스터드 크림 | |
|---|---|---|---|
| 강력분 | 1,000g | 우유 | 1,600g |
| 소금 | 20g | 설탕A | 200g |
| 설탕 | 150g | 바닐라 빈 | 1개 |
| 세미드라이이스트 골드 | 13g | 노른자 | 352g |
| 달걀 | 360g | 설탕B | 200g |
| 우유 | 270g | 옥수수 전분 | 64g |
| 르뱅 리키드 | 100g | 박력분 | 64g |
| 버터 | 450g | 발효 버터 | 192g |
| | | 럼 | 1뚜껑 |

| 부재료 | |
|---|---|
| 달걀 | 적당량 |
| 사과잼 | 1,560g |
| 데코스노우 | 적당량 |

## 만드는 방법

**커스터드 크림**

1   냄비에 우유, 설탕A, 바닐라 빈의 씨를 넣고 눌어붙지 않을 정도로 끓인다.

2   볼에 노른자와 설탕B를 넣어 거품기로 섞은 뒤 옥수수 전분과 박력분을 넣고
    가볍게 섞는다.

3   2에 1을 조금씩 부으면서 섞는다.

4   다시 냄비에 옮겨 거품기로 저으면서 농도가 되직했다가 다시 묽어질 때까지
    끓인다.

    (TIP) 농도가 되직해졌을 때 가열을 멈추고 식히기 위해 냉장고에 넣으면 오히려
    크림이 묽어진다. 되직해졌다가 다시 묽어지는 상태가 될 때까지 끓여야 식혔을
    때 어느 정도 단단함을 갖춘 커스터드가 된다. 크림이 묽다면 흘러나올 가능성이
    크다.

5   발효 버터와 럼을 넣고 섞는다.

    (TIP) 럼은 건조 바닐라 빈 깍지를 넣어 숙성시킨 팡 럼을 사용했다.

6   체에 거른 뒤 보관 용기에 담아 윗면에 물기가 고이지 않게끔 랩을 밀착시켜
    덮고 냉장고에서 식힌다.

**애플잼 & 크림 코로네**

**1~3** p.50 브리오슈 반죽 공정과 같음

**4** 냉장고에서 저온 숙성한 브리오슈 반죽을 꺼내 45g씩 분할해 둥글리기하고
막대 모양으로 만든다.

**5** 실온에서 약 1시간 동안 반죽 온도가 17℃ 이상으로 오를 때까지 둔다.

**6** 반죽 길이가 약 30㎝가 될 때까지 손으로 길게 늘인다.

**7** 코로네 틀에 4~5바퀴 감는다.

   **TIP** 발효와 굽기 과정 동안 반죽이 쉽게 풀려 틀에서 떨어지기 때문에 양쪽
   끝부분을 강하게 말아 넣어야 한다.

**8** 온도 29℃, 습도 85%의 발효실에서 약 40분 동안 발효시킨다.

**9** 반죽 표면에 부드럽게 푼 달걀을 얇게 바른 후 윗불 250℃, 아랫불 180℃
데크 오븐에서 약 12분 동안 굽는다.

**10** 충분히 식힌 뒤 틀에서 빼고 짤주머니에 담은 사과잼을 구멍 안쪽 모양을
따라 약 30g씩 일자로 짠다.

**11** 부드럽게 푼 커스터드 크림을 짤주머니에 담아 약 50g씩 짜 넣는다.

**12** 제품 윗면에 데코스노우를 뿌려 마무리한다.

## 빵으로
## 진열대를 가득
## 채우는 이유

무이는 제품 종류에 비해 진열대를 좀 작게 만들었다. 그리고 항상 그 작은 매대에 다양한 빵을 풍성하게 올린다. 손님들이 매장에 들어오면서 바로 즐거움을 느꼈음 해서이다. 눈으로 먼저 행복을 느끼고 뒤이어 어떤 빵을 고를지 고민하며 설레었으면 좋겠다.

빵집의 인테리어는 결국 빵이다. 그래서 매장에 들어서면 곧바로 빵이 보일 수 있도록 정면에 매대를 배치하고 항상 진열대가 꽉 차게 제품을 생산한다. 작은 진열대에 제품이 모두 모여 있으면 손님 입장에서도 제품을 한눈에 볼 수 있기 때문에 진열대 이곳저곳을 돌아다니지 않고 한번에 빵을 고를 수 있어 편리하다.

사소한 부분 같지만 이 작은 진열대에 제품을 가득 채우는 것 또한 많은 손님이 방문하도록 만드는 전략이라고 생각한다. 제품을 만드는 것과 마찬가지로 제품을 어떻게 선보일지도 항상 고민하는 부분이다.

가벼운 식감과
밀가루 본연의 풍미

# 無二
## 바게트

무이의 바게트 반죽은 정말 간단하면서 재료 본연의 특성을
잘 살리는 배합이다. 시시때때로 밀가루를 바꾸기 때문에
밀가루마다 확연히 드러나는 밀가루 본연의 맛과 향 그리고
식감의 차이를 느껴보는 것도 하나의 재미이다. 또 소량을
사용하지만 어떤 소금을 사용하느냐에 따라서도 풍미가
달라진다. 무이의 바게트는 전체적으로 가벼운 식감과 얇은
빵껍질이 특징이며 어떻게 먹어도 맛있고 반죽의 활용도가
높다.
또 바게트 반죽은 가장 기본이 되는 배합이기 때문에 조금씩
조절하면 다양한 반죽을 만들 수 있다. 무이에서는 그동안
바게트 반죽을 응용해 굉장히 다양한 배합을 만들었는데
그중에서 대표적인 두 제품을 함께 소개한다.

# 바게트 반죽 만들기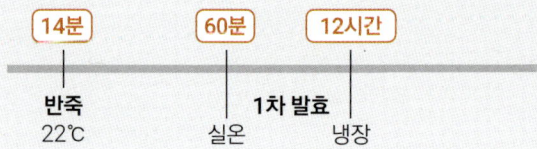
**BASE DOUGH FOR BAGUETTE**

| 사용한 재료 | | 오버나이트법 \| 총중량 1,884.5g | |
|---|---|---|---|
| T65 | 1,000g | 르뱅 리키드 | 100g |
| 소금 | 20g | 물 | 700g |
| 드라이이스트 레드 | 3.5g | 바시나주용 물 | 60g |
| 몰트 희석액 | 1g | | |
| → 물:몰트 농축액=1:1 | | | |

**타임라인 ▶**

| 14분 | 60분 | 12시간 |
|---|---|---|
| 반죽 | 1차 발효 | |
| 22℃ | 실온 | 냉장 |

### 만드는 방법

1. 믹서볼에 바시나주용 물을 제외한 모든 재료를 넣고
   저속(1단)에서 4분 동안 믹싱한다.
2. 고속(2단)에서 6분 동안 반죽에 탄력이 생길 때까지
   믹싱한다.
3. 저속으로 속도를 낮춰 바시나주용 물을 조금씩 넣으며
   다 섞일 때까지 약 2분 동안 믹싱한다.
4. 다시 고속으로 속도를 올려 약 2분 동안 믹싱해 반죽이
   한 덩어리로 깔끔하게 마무리되도록 한다.
5. 실온(24℃)에서 20분에 한 번씩 3번 펀치하며 총 60분
   동안 발효시킨 후 냉장고(3℃)에서 12시간 이상 저온
   숙성시킨다.
   **TIP** 펀치하기 전에 반죽 겉면이 손상되지 않도록
   스프레이로 물을 뿌린다.

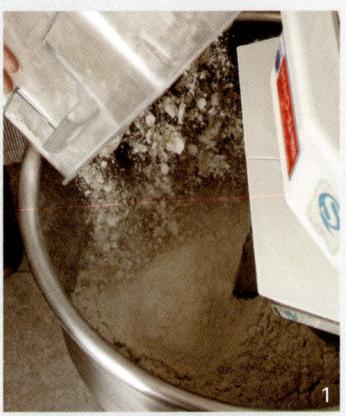

4-1

4-2

5-1 20분 후

5-2 펀치 1

5-3 20분 후

5-4 펀치 2

5-5 20분 후

5-6 펀치 3

5-7 펀치 완료

# 바게트

무이의 바게트는 밀가루 본연의 맛을 내기 위해 르뱅 리키드를 많이 사용하지 않는다. 밀가루 본연의 단맛을 끌어낼 수 있을 정도로 적당한 산성을 띠는 르뱅 리키드를 10% 내외로 사용한다. 그래서 더욱 부담 없이 자꾸 손이 가는 바게트이다.

**타임라인 ▼**

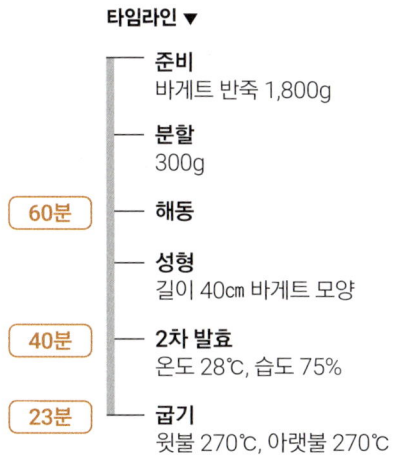

| | |
|---|---|
| | **준비**<br>바게트 반죽 1,800g |
| | **분할**<br>300g |
| 60분 | **해동** |
| | **성형**<br>길이 40㎝ 바게트 모양 |
| 40분 | **2차 발효**<br>온도 28℃, 습도 75% |
| 23분 | **굽기**<br>윗불 270℃, 아랫불 270℃ |

**사용한 재료**

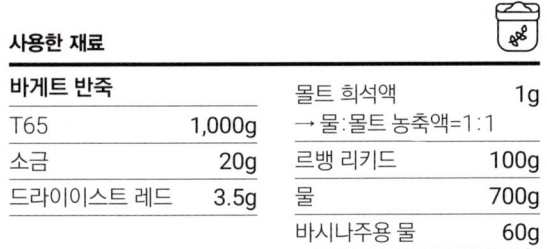

**바게트 반죽**

| | |
|---|---|
| T65 | 1,000g |
| 소금 | 20g |
| 드라이이스트 레드 | 3.5g |

| | |
|---|---|
| 몰트 희석액 | 1g |
| → 물:몰트 농축액=1:1 | |
| 르뱅 리키드 | 100g |
| 물 | 700g |
| 바시나주용 물 | 60g |

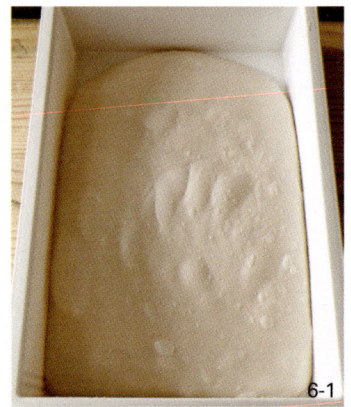

6-1

6-2

6-3

7

8-1

8-2

## 만드는 방법

**1~5** p.84 바게트 반죽 공정과 같음

**6** 냉장고에서 저온 숙성한 바게트 반죽을 꺼내 300g씩 분할하고 타원형으로 둥글리기 한다.

**7** 실온에 약 1시간 동안 반죽 온도가 17℃ 이상으로 오를 때까지 둔다.

**8** 반죽을 납작하게 누른 뒤 세 번 접어 말고 굴리면서 늘여 길이 40㎝ 바게트 모양으로 성형한다.

**9** 캔버스에 덧가루를 뿌린 뒤 성형한 반죽을 가지런히 놓고 온도 28℃, 습도 75% 발효실에서 약 40분 동안 발효시킨다.

(TIP) 반죽을 손으로 살짝 눌렀을 때 눌린 부분이 다시 빠르게 올라오는 시점을 발효 완료 시점으로 구분한다.

**10** 발효실에서 꺼내 실온에서 잠시 표면을 건조시킨다.

**11** 테플론 시트로 반죽을 옮긴 후 일자로 칼집(쿠프)을 내어 윗불 270℃, 아랫불 270℃ 데크 오븐에 넣는다.

**12** 스팀을 넣고 3분 구운 후 스팀을 한 번 더 넣고 약 20분 동안 굽는다. 구움색을 확인해 오븐에서 꺼내고 식힌다.

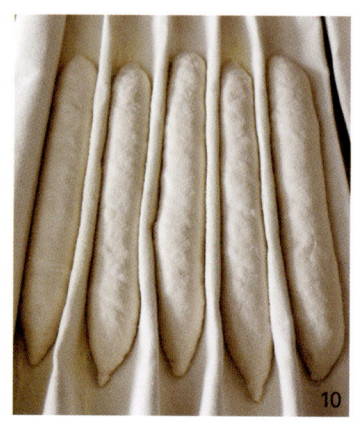

# 무이의 바게트에 대한 생각

### 밀가루의 편차

트레디션 밀가루의 경우 첨가제가 들어있지 않아 각 포대마다의 편차가 크다. 어떤 밀가루는 흡수율이 높지만, 흡수율이 낮은 밀가루도 존재한다. 또 글루텐이 강하게 잡히는 경우도 있기 때문에 밀가루 포대를 개봉할 때마다 반죽의 상태를 더욱 주의 깊게 지켜볼 필요가 있다. 포대마다 흡수율이 매번 다른 밀가루를 사용할 경우에는 바시나주용 물의 비율을 조절해 반죽이 일정한 탄력으로 완성되는 정도를 맞춘다. 글루텐이 매우 강하게 잡히는 밀가루의 경우에는 기존에 세 번하던 폴딩 작업을 한 번 또는 두 번으로 줄이는 등의 상황에 맞는 대처가 필요하다.

### 밀가루 본연의 맛과 향

무이의 바게트에는 르뱅 리키드를 많이 사용하지 않는다. 밀가루 본연의 맛을 추구하기 때문에 적당히 산성을 띠는 르뱅 리키드를 10% 내외로 사용한다. 20~30%로 많은 양의 르뱅을 사용하다 보면 르뱅 자체의 산성에 의해 밀가루의 풍미가 가려질 수 있기 때문이다. 밀가루 본연의 단맛을 끌어낼 수 있을 정도의 르뱅을 사용함으로써 더욱 부담 없이 자꾸 손이 가는 바게트를 만들었다.

**발효 상태 체크**

바게트는 아주 적은 재료로 만드는 단순한 공정의 제품이다. 하지만 그만큼 매일 같은 배합으로 만들어도 재료나 작업 환경에 따라 아주 예민하게 바뀐다. 그래서 작업을 할 때마다 반죽의 상태를 확인해 가며 발효 환경과 시간을 조정해야 할 필요가 있다. 오버나이트법으로 저온 숙성한 반죽은 발효가 많이 되었을 경우 반죽을 분할한 뒤 온도가 오르기까지의 시간이 비교적 짧다. 또한 성형 후 2차 발효도 빠르게 될 가능성이 다분하므로 발효실보다는 상온에서, 습도가 높은 곳보다는 낮은 곳에서 발효시키는 것이 좋다. 반대로 저온 숙성이 적게 되었다면 분할 후 반죽의 온도를 올리기까지 시간이 더 오래 걸린다. 또한 제품의 볼륨이 작게 나오고 껍질은 두꺼워진다. 이런 경우는 반드시 상온혹은 발효실에서 충분히 1차 발효 시간을 더 가지고 작업하는 것이 좋다.

# 명란 바게트

가벼운 식감의 바게트에 명란 페이스트를 부담스럽지 않을 만큼 채워 넣고 구워 낸 제품이다. 오픈한 이래 손님이 가장 많이 찾는 제품으로 적당한 감칠맛이 도는 명란 페이스트 덕분에 끊임없이 먹을 수 있다. 보통은 명란 페이스트에 마요네즈 등을 넣어 다소 무겁게 만드는데 무이에서는 버터와 백명란을 사용하여 아주 단순하면서도 바게트의 맛과 명란 본연의 맛이 함께 조화를 이루도록 만든다. 또 저염 명란을 사용하여 짜지 않고 색도 인위적이지 않아 더욱 손이 많이 가는 제품이다.

Salted Pollock Roe Baguette

**타임라인 ▼**

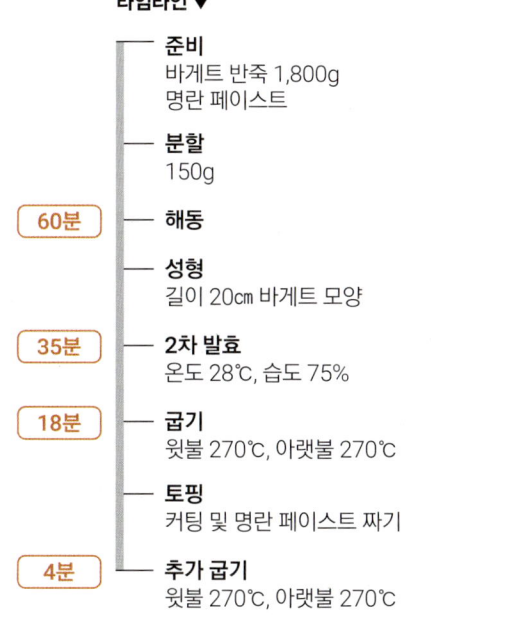

**준비**
바게트 반죽 1,800g
명란 페이스트

**분할**
150g

[60분] **해동**

**성형**
길이 20㎝ 바게트 모양

[35분] **2차 발효**
온도 28℃, 습도 75%

[18분] **굽기**
윗불 270℃, 아랫불 270℃

**토핑**
커팅 및 명란 페이스트 짜기

[4분] **추가 굽기**
윗불 270℃, 아랫불 270℃

**사용한 재료**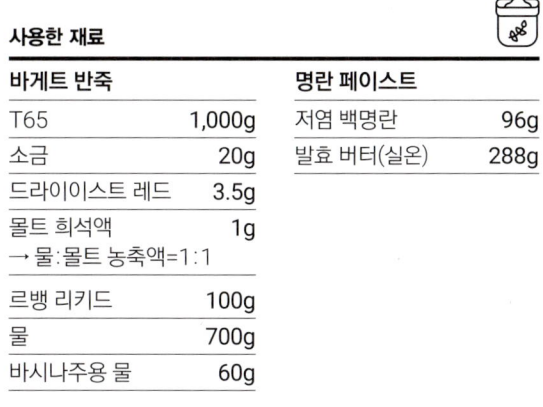

| 바게트 반죽 | | 명란 페이스트 | |
|---|---|---|---|
| T65 | 1,000g | 저염 백명란 | 96g |
| 소금 | 20g | 발효 버터(실온) | 288g |
| 드라이이스트 레드 | 3.5g | | |
| 몰트 희석액 | 1g | | |
| → 물:몰트 농축액=1:1 | | | |
| 르뱅 리키드 | 100g | | |
| 물 | 700g | | |
| 바시나주용 물 | 60g | | |

93

## 만드는 방법

### 명란 페이스트

1 저염 백명란을 뭉쳐있는 부분이 없도록 가위로 잘게 자른다.
2 부드러운 발효 버터와 잘게 자른 저염 백명란을 골고루 섞어 짤주머니에 담는다.

### 명란 바게트

**1~5** p.84 바게트 반죽 공정과 같음
6 냉장고에서 저온 숙성한 바게트 반죽을 꺼내 150g씩 분할하고 둥글리기한다.
7 실온에 약 1시간 동안 반죽 온도가 17℃ 이상으로 오를 때까지 둔다.
8 반죽을 납작하게 누른 뒤 세 번 접어 말고 굴리면서 늘여 길이 20㎝ 바게트 모양으로 성형을 한다.

9  캔버스에 덧가루를 뿌려 가지런히 둔 다음 온도 28℃, 습도 75% 발효실에서 약 35분 동안 발효시킨다.

   (TIP) 반죽을 손으로 살짝 눌렀을 때 눌린 부분이 다시 빠르게 올라오는 시점을 발효 완료 시점으로 구분한다.

10 발효실에서 꺼내 실온에서 잠시 표면을 건조시킨다.

11 테플론 시트로 반죽을 옮긴 후 일자로 칼집(쿠프)을 내어 윗불 270℃, 아랫불 270℃ 데크 오븐에 넣는다.

12 스팀을 넣고 3분 구운 후 스팀을 한 번 더 넣고 약 15분 동안 굽는다.

13 구움색을 확인해 오븐에서 꺼내고 식힌 뒤 빵칼을 사용해 수직으로 반을 가른다.

14 자른 단면에 부드럽게 푼 명란 페이스트 30g씩을 짠다.

15 다시 오븐에 넣어 약 4분 동안 구운 뒤 식힌다.

# 치아시드 캉파뉴

기본 바게트 반죽에서 밀가루의 일정 비율을 통밀가루로 대체하고 이스트 양을 줄이는 대신 르뱅 리키드 함량을 높이고 수분을 더 추가한 배합이다. 그래서 바게트 반죽과 비교했을 때 조금 더 산미가 있다. 이스트 양을 줄였기 때문에 바게트보다는 발효 시간을 조금 더 길게 잡아야 한다. 장시간 발효시켜 완성된 가벼운 빵속과 빵껍질에 붙인 치아시드의 고소함이 아주 잘 어울리는 제품이다.

Chia Seed Pain de Campagne

**타임라인 ▼**

| 시간 | 단계 | 상세 |
|---|---|---|
| 14분 | 반죽 | 22℃ |
| 60분 | 1차 발효 | 실온 |
| 12시간 | 저온 숙성 | 냉장 |
| | 분할 | 520g |
| 90분 | 해동 | |
| | 성형 | 타원형 말기 |
| 180분 | 2차 발효 | 실온(온도 24℃, 습도 65%) |
| 25분 | 굽기 | 윗불 270℃, 아랫불 270℃ |

| 사용한 재료 | | 오버나이트법 | |
|---|---|---|---|
| T65 | 1,750g | 르뱅 리키드 | 750g |
| 통밀가루 | 750g | 물 | 1,750g |
| 소금 | 55g | 바시나주용 물 | 250g |
| 드라이이스트 레드 | 5g | 치아시드 | 적당량 |
| 몰트 희석액 | 2.5g | | |
| → 물:몰트 농축액=1:1 | | | |

### 만드는 방법

1. 믹서볼에 바시나주용 물과 치아시드를 제외한 모든 재료를 넣고
   저속(1단)에서 4분 동안 믹싱한다.
   (TIP) 수분 함량이 늘어났기 때문에 바게트 반죽보다 소금을 더 많이 넣는다.
   또 소금을 많이 넣으면 통밀의 감칠맛을 더 돋우는 효과도 있다.
2. 고속(2단)에서 반죽에 탄력이 생길 때까지 6분 동안 믹싱한다.
3. 저속으로 속도를 낮춰 바시나주용 물을 조금씩 넣으며 약 2분 동안
   믹싱한다.
4. 바시나주용 물이 전부 섞이면 다시 고속으로 속도를 높여 약 2분 동안
   믹싱해 반죽이 한 덩어리가 되도록 만든다.

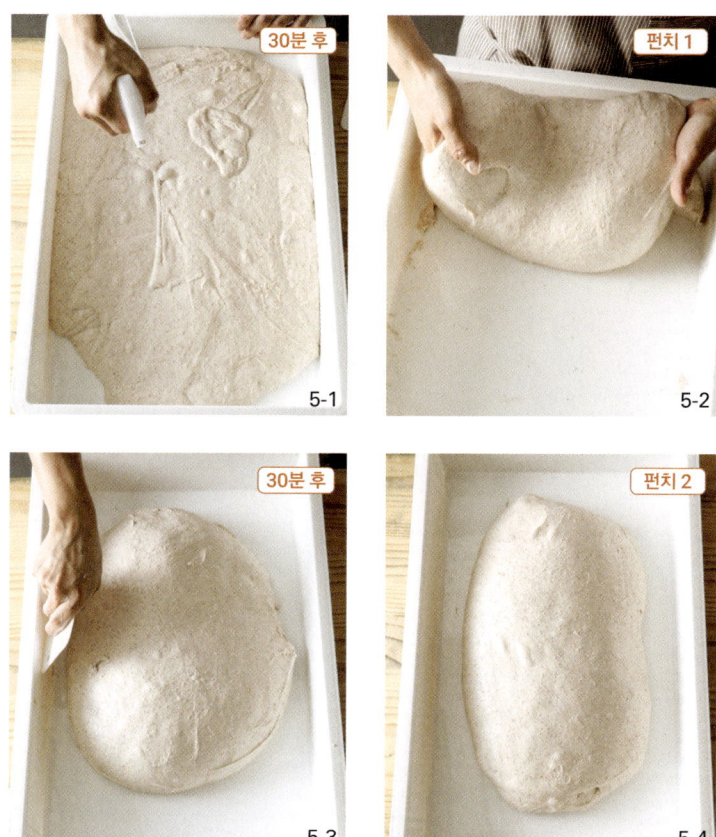

5　실온에서 30분에 한 번씩 2번 펀치해 총 1시간 동안 발효시킨 후
　　냉장고(3℃)에서 12시간 이상 저온 숙성한다.
6　반죽을 냉장고에서 꺼내 520g씩 분할하고 둥글리기한다.

7-1

7-2

**7** 실온에서 약 1시간 30분 동안 반죽의 온도가 17℃ 이상이 될 때까지 둔다.

**8** 반죽을 타원형 형태로 밀어 펴 가스를 빼고 양쪽을 한 번씩 접은 다음
위쪽부터 말아 이음매를 잘 붙인다.

8-1

8-2

9-1

9-2

**9**  반죽 표면에 스프레이로 물을 뿌린 후 윗면에 전체적으로 치아시드를 붙인다.

**10**  덧가루를 뿌린 캔버스에 놓고 실온(온도 24℃, 습도 65%)에서 약 3시간 동안 2차 발효시킨다.

　　　TIP 충분히 발효되지 않으면 칼집을 낸 부분이 고르게 터지지 않을 수 있다.

**11**  테플론 시트로 반죽을 옮긴 후 칼집을 일자로 낸다.

**12**  윗불 270℃, 아랫불 270℃ 데크 오븐에 스팀을 넣고 5분 동안 구운 후 다시 스팀을 넣고 약 20분 동안 더 굽는다.

　　　TIP 기본 바게트와 비교했을 때 반죽 중량이 더 크기 때문에 열기를 받도록 2분 더 두었다가 스팀을 한 번 더 넣는다.

**13**  구움색을 확인해 오븐에서 꺼내고 식힌다.

10

11

# 보리 루스틱

보릿가루에는 글루텐이 없어 반죽이 잘 처지기 때문에 바게트 반죽에 강력분도 추가했다. 또 보릿가루는 밀가루보다 반죽이 더 되직해지는 경향이 있어 촉촉하게 만들기 위해 수분 함량을 100% 이상으로 조정했다. 수분 함량은 높지만 부드럽기보다는 쫀득한 식감으로 완성된다. 삶은 보리를 넣어 보리가 알알이 씹히면서 마치 밥을 먹는 것 같은 느낌을 줘 먹는 재미가 있다.

*Barley Pain Rustique*

**타임라인 ▼**

|  | 늘보리 전처리 |
| --- | --- |
| 14분 | **반죽** 22℃ |
| 60분 | **1차 발효** 실온 |
| 12시간 | **저온 숙성** 냉장 |
|  | **반죽 펼치기** 55×34㎝ 직사각형 |
| 90분 | **해동** |
|  | **성형** 10등분, 직사각형 |
| 50분 | **2차 발효** 실온(온도 24℃, 습도 65%) |
| 20분 | **굽기** 윗불 270℃, 아랫불 270℃ |

**사용한 재료**

**오버나이트법**

| 늘보리 전처리 | |
| --- | --- |
| 늘보리 | 200g |
| 물 | 적당량 |

| 보리 루스틱 | |
| --- | --- |
| 강력분 | 600g |
| T65 | 200g |
| 볶은 보릿가루 | 200g |
| 소금 | 22g |
| 드라이이스트 레드 | 3.5g |
| 몰트 희석액 → 물:몰트 농축액=1:1 | 10g |
| 르뱅 리키드 | 100g |
| 물 | 800g |
| 바시나주용 물 | 200g |
| 전처리한 늘보리 | 250g |

## 만드는 방법

### 늘보리 전처리

1    냄비에 늘보리와 보리가 완전히 잠길 정도의 물을 넣어 보리가 충분히
     부드러워질 때까지 끓인 후 체에 밭쳐 식힌다.

### 보리 루스틱

1    믹서볼에 바시나주용 물과 전처리한 늘보리를 제외한 모든 재료를 넣고
     저속(1단)에서 4분 동안 믹싱한다.
     **TIP** 수분 함량이 늘었기 때문에 바게트 반죽보다 소금을 더 많이 넣는다.
2    고속(2단)에서 반죽에 탄력이 생길 때까지 6분 동안 믹싱한다.
3    저속으로 속도를 낮춰 바시나주용 물을 조금씩 넣으며 약 2분 동안 믹싱한다.

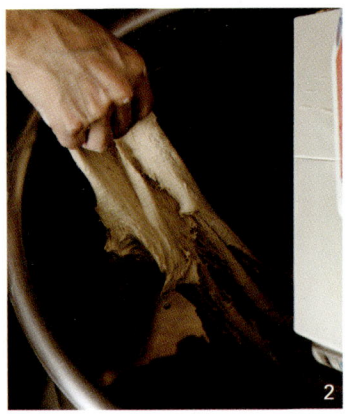

**4** 바시나주용 물이 전부 섞이면 다시 고속으로 속도를 높여 약 2분 동안
믹싱해 반죽이 한 덩어리가 되도록 만든다.

**5** 전처리한 늘보리를 넣고 스크레이퍼로 가볍게 섞는다.

**6** 실온에서 30분에 한 번씩 2번 펀치해 총 1시간 동안 발효시킨 후
냉장고(3℃)에서 12시간 이상 저온 숙성한다.

5-1　5-2　5-3

6-1　6-2　6-3

**7** 캔버스에 덧가루를 뿌린 뒤 냉장고에서 반죽을 꺼내 55×34㎝ 크기의
  직사각형으로 넓게 펼친다.
  (TIP) 반죽을 펼칠 때 가운데와 가장자리의 두께가 일정하도록 고르게 펼쳐야
  균일한 중량의 제품을 만들 수 있다.
**8** 실온에서 약 1시간 30분 동안 반죽의 온도가 17℃ 이상이 될 때까지 둔다.
**9** 반죽을 10등분해 자른다.

10 다시 덧가루를 뿌린 캔버스에 적당한 간격으로 놓고 실온(온도 24℃, 습도 65%)에서 약 50분 동안 2차 발효시킨다.

> (TIP) 반죽을 옮길 때 바닥면이 그대로 바닥을 향하게 놓는다.
> (TIP) 수분 함량이 높아서 높은 온도와 습도의 발효실에 넣으면 반죽이 처질 수 있으므로 실온에서 발효시킨다.

11 테플론 시트에 발효된 반죽을 뒤집어 바닥면이 위를 향하게 놓고 X자로 칼집을 넣는다.

12 윗불 270℃, 아랫불 270℃ 데크 오븐에 스팀을 넣고 3분 동안 구운 후 다시 스팀을 넣고 약 17분 동안 더 굽는다.

13 구움색을 확인해 오븐에서 꺼내고 식힌다.

10-2

11

107

# 새로운 제품을
# 개발하는 방법

한 달에 하나씩 새로운 제품을 개발하는 것은 꽤 어려운 일이다. 어떤 때는 만들고 싶은 메뉴가 계속해서 떠오르지만 또 어떤 때는 아이디어가 고갈되기도 한다. 대부분의 빵 배합이 비슷비슷하기도 하고 재료의 조합도 큰 차이가 없기 때문에 매번 고민에 빠진다. 또 구상을 하여도 막상 만들어 보면 생각대로 나오지 않거나 생각한 맛이 아닌 경우도 부지기수이다. 그래서 전문 서적도 보고 요리책도 보고 음식에서 영감을 얻기도 하지만 가장 큰 영향을 받는 것은 역시 다양한 빵을 맛보는 일이다.

내가 만드는 제품과 비슷해 보인다고 해서 똑같은 제품일 수는 없다. 그래서 먹어 보고 그 차이를 느껴보려고 한다. 또 경력이 쌓이면서 가장 흔하게 하는 실수가 겉모양만 보고 판단하는 것이다. 물론 경험이 쌓인 만큼 겉모양을 보고 어느 정도 예상할 수는 있지만 내가 아는 지식과 달리 정말 놀라운 경험을 할 때가 수없이 많다. 새로운 메뉴를 개발하기 위해서는 모든 편견을 버리는 것이 중요하다. 그래서 우리는 지금도 국내외를 막론하고 많은 베이커리의 빵을 먹어 보고 토론하는 일을 멈추지 않는다.

**메뉴 개발을 할 때는 다음 사항을 고려한다.**
○ 수분 함량이 높아서 보존성이 높은 제품
○ 부담스럽거나 과하지 않아 언제 먹어도 좋은 제품
○ 유행을 쫓지 않으면서 무이의 색을 반영한 제품

앞서도 말했지만 시간이 지나도 맛있게 먹을 수 있도록 수분
함량을 높여 보존력을 높이는 방향으로 배합을 만든다. 또 자극
적이거나 필링이 필요 이상으로 많이 들어간 제품은 대부분의
손님이 한번 먹어 보는 것으로 만족하는 경우가 많기 때문에
지속적으로 구매하는 제품을 만들기 위해 노력한다. 그리고 마지
막으로 유행을 타지 않으면서 무이만의 색이 드러나는 제품을
가장 중요하게 생각한다. 무이가 많이 알려질 수 있었던 이유도
유행에 좌지우지되지 않고 무이에서만 먹을 수 있는 빵을 만들어
왔기 때문이라고 생각한다.

가장 일상적이고
활용도가 높은 반죽 無
치아바타 二

치아바타 반죽을 활용한 메뉴의 비중도 상당히 큰 편이다.
이 반죽으로 만든 빵은 기공이 커서 식감이 가볍고 쫄깃하기
때문에 많이 먹어도 질리지 않는다. 투박한 느낌의 담백한
빵을 만들고 싶다면 치아바타 반죽이 제격이다.

# 치아바타 반죽 만들기
**BASE DOUGH FOR CIABATTA**

| 사용한 재료 | | 스트레이트법 \| 총중량 2,490g | |
| --- | --- | --- | --- |
| **감자 전처리** | | **본반죽** | |
| 감자 | 500g | 강력분 | 1,000g |
| 물 | 적당량 | 소금 | 20g |
| | | 설탕 | 30g |
| | | 드라이이스트 레드 | 10g |
| | | 물 | 850g |
| | | 르뱅 리키드 | 100g |
| | | 올리브유 | 80g |
| | | 전처리한 감자 | 400g |

**타임라인 ▶**

```
              ┌─────┐   ┌─────┐
              │14분 │   │60분 │
              └─────┘   └─────┘
────────────────┼─────────┼─────────────
   감자          본반죽      1차 발효
  전처리         25℃        실온
```

### 만드는 방법

**감자 전처리**

1 감자 껍질을 벗긴 후 약 2㎝ 크기의 주사위 모양으로 자른다.
2 냄비에 감자를 넣고 감자가 잠길 정도의 물을 넣은 후 감자가 부드러워질 때까지 약 30분 동안 삶는다.
3 감자를 눌렀을 때 부드럽게 눌리면 불을 끄고 체에 밭쳐 물기를 뺀 다음 완전히 식혀서 사용한다.
   **(TIP)** 감자의 잔열로 치아바타 반죽의 온도가 상승할 확률이 높기 때문에 가급적 감자를 하루 전에 삶아서 식힌 후 냉장고에 차갑게 보관해 두었다가 사용하는 것이 좋다.

**본반죽**

1 믹서볼에 올리브유와 전처리한 감자를 제외한 모든 재료를 넣고 저속에서 약 4분 동안 믹싱한다.

2 고속에서 6분 동안 믹싱한 후 상태를 확인해 반죽에 탄력이 생길 때까지 추가로 믹싱한다.

3 반죽이 완전한 한 덩어리가 되면 저속으로 속도를 낮춘 후 올리브유를 넣으며 완전히 섞일 때까지 약 2분 동안 믹싱한다.
TIP 올리브유를 넣고 너무 오래 섞으면 반죽이 분리되기 때문에 최대한 적게 믹싱한다.

4 전처리한 감자를 넣고 저속에서 감자가 으깨지며 잘 섞일 때까지 약 2분 동안 믹싱한다.

5 실온에서 30분 동안 1차 발효시킨 뒤 펀치하고 30분 동안 더 발효시킨다.

# 허니 포테이토

치아바타 반죽의 맛과 풍미가 가장 잘 드러나는 제품이다. 삶은 감자를 넣은 치아바타 반죽에 꿀을 살짝 넣고 감싸 구워 내므로 꿀의 은은한 단맛과 향이 빵의 풍미를 더욱 잘 살려 준다. 오픈했을 때부터 현재까지 꾸준히 사랑받는 스테디셀러이다.

*Honey Potato Ciabatta*

**타임라인 ▼**

|   | 준비 |
|---|---|
|   | 1차 발효한 치아바타 반죽 2,400g |
|   | **분할** |
|   | 150g |
| **20분** | **휴지** |
|   | **성형** |
|   | 원형 |
| **40분** | **2차 발효** |
|   | 온도 28℃, 습도 75% |
| **12분** | **굽기** |
|   | 윗불 270℃, 아랫불 270℃ |

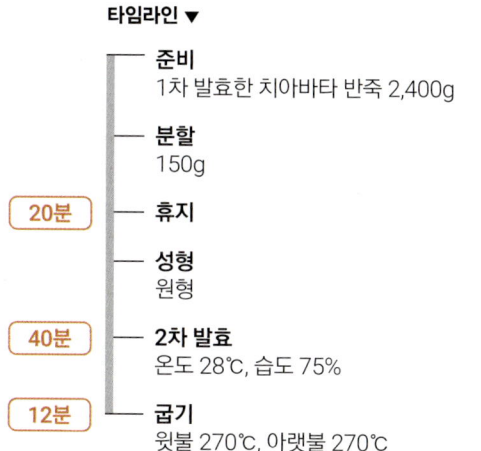

**사용한 재료**

| 본반죽 | | 올리브유 | 80g |
|---|---|---|---|
| 강력분 | 1,000g | 전처리한 감자 | 400g |
| 소금 | 20g | **부재료** | |
| 설탕 | 30g | 꿀 | 160g |
| 드라이이스트 레드 | 10g | | |
| 물 | 850g | | |
| 르뱅 리키드 | 100g | | |

**만드는 방법**

**1~5** p.113 치아바타 반죽 본반죽 공정과 같음

**6** 1차 발효가 끝난 치아바타 반죽을 150g씩 분할하고 둥글리기한다.

**7** 실온에서 약 20분 동안 휴지시킨다.

**8** 반죽을 가볍게 두드려 가스를 적당히 빼고 반죽 중앙을 눌러 꿀을 약 10g씩 짠다.

**9** 꿀이 흐르지 않게끔 반죽으로 감싼 뒤 나무판 위에 캔버스를 깔고 덧가루를 뿌린 다음 이음매가 아래를 향하게 둔다.

**10** 온도 28℃, 습도 75% 발효실에서 약 40분 동안 발효시킨다.

**11** 테플론 시트 위에 반죽의 이음매가 위를 향하게 뒤집어서 놓는다.

**12** 윗면에 칼집을 살짝 낸 후 오븐에 넣는다.
　　　(TIP) 칼집을 넣지 않으면 구워지면서 거칠게 터질 수 있다.

**13** 윗불 270℃, 아랫불 270℃ 데크 오븐에서 스팀을 넣은 후 약 12분 동안 굽는다.

**14** 색이 노릇노릇해지면 오븐에서 뺀 뒤 식힌다.

6-1

6-2

7-1

7-2

Ciabatta
치아바타

# 갈릭 올리브 치아바타

올리브 가르니튀르를 만들어 반죽에 올리브 향이 더 잘 배게 만들었다. 하룻밤 이상 숙성시킨 올리브와 마늘이 한층 깊은 맛과 향을 낸다. 빵 자체로도 훌륭한 맛을 내기 때문에 기본 치아바타 대신 샌드위치에 활용하거나 식전 빵 혹은 식사 대용 빵으로 추천한다.

Garlic Olive Ciabatta

**타임라인 ▼**

| | |
|---|---|
| | **준비**<br>믹싱한 치아바타 반죽 2,490g |
| 24시간 | **올리브 가르니튀르** |
| 60분 | **1차 발효**<br>실온 |
| | **반죽 펼치기**<br>30×40㎝ 직사각형 |
| 20분 | **휴지**<br>실온 |
| | **성형**<br>15×8㎝ 직사각형 |
| 40분 | **2차 발효**<br>실온(온도 24℃, 습도 65%) |
| 12분 | **굽기**<br>윗불 270℃, 아랫불 270℃ |

**사용한 재료**

| 본반죽 | | 올리브 가르니튀르 | |
|---|---|---|---|
| 강력분 | 700g | 그린 올리브 | 150g |
| 소금 | 14g | 블랙 올리브 | 150g |
| 설탕 | 21g | 올리브유 | 50g |
| 드라이이스트 레드 | 7g | 다진 마늘 | 10g |
| 물 | 595g | 바질 | 5g |
| 르뱅 리키드 | 70g | 통후추 | 1g |
| 올리브유 | 56g | | |
| 전처리한 감자 | 280g | | |

### 만드는 방법

**올리브 가르니튀르**

**1**  그린 올리브와 블랙 올리브를 각각 3등분해서 자른다.

**2**  비닐에 모든 재료를 넣고 섞은 뒤 밀봉해 서늘한 곳에서 최소 하루 이상 최대 일주일 동안 보관하며 사용한다.

**갈릭 올리브 치아바타**

**1~4**  p.113 지아바타 반죽 본반죽 공정과 같음

**5**  믹싱이 완료된 상태의 치아바타 반죽 2,490g을 볼에서 빼 반죽통에 담고 올리브 가르니튀르를 반죽 위에 올려 스크레이퍼로 섞는다.

**6**  실온에서 30분 동안 1차 발효시킨 뒤 펀치하고 30분 동안 더 발효시킨다.

6-1

6-2

7-1

**7** 나무판 위에 캔버스를 깔고 덧가루를 충분히 뿌린 뒤 1차 발효가 끝난
반죽을 올려 60×40㎝ 크기의 직사각형으로 균일하게 펼친다.
(TIP) 반죽을 균일한 두께로 펼쳐야 제품의 중량이 들쑥날쑥하지 않다.

**8** 실온에서 약 20분 동안 휴지시킨다.

**9** 반죽을 15×8㎝ 직사각형으로 16등분한다.

**10** 덧가루를 뿌린 다른 캔버스 위로 자른 반죽을 옮기고 천을 접어 반죽을
지탱하게 만든 뒤 남은 천으로 덮는다.

**11** 실온(온도 24℃, 습도 65%)에서 약 40분 동안 2차 발효시킨다.

**12** 나무판 위에 테플론 시트를 깔고 그 위에 반죽을 뒤집어 옮긴다.
(TIP) 반죽이 발효되어 부풀면서 바닥면에 덧가루가 자연스럽게 묻어나 밀가루
무늬가 생긴다. 이 무늬가 멋스러워 뒤집어서 굽는다.

**13** 윗불 270℃, 아랫불 270℃ 데크 오븐에 스팀을 넣고 약 12분 동안 구워
색이 노릇노릇하게 나면 오븐에서 꺼내 식힌다.

7-2

9

10

12

# 바질 치아바타 베이글

초강력분으로 만드는 단단한 식감의 베이글이 아니라 조금 더 부드럽고 간편하게 즐길 수 있는 베이글을 만들고 싶었다. 바질의 향과 크림치즈, 살짝 구워 낸 치아바타 반죽이 아주 잘 어울리는 제품이다. 푸릇푸릇한 생바질 잎을 사용해 이질감 없이 부드럽게 씹히는 식감과 은은한 향이 매력적인 빵이다.

Basil Ciabatta Bagel

**타임라인 ▼**

**준비**
믹싱한 치아바타 반죽 2,400g
크림치즈 필링

| 60분 | **1차 발효** |
실온

**분할**
130g

| 20분 | **휴지** |

**성형**
베이글 모양

| 40분 | **2차 발효** |
온도 28℃, 습도 75%

| 12분 | **굽기** |
윗불 270℃, 아랫불 270℃

**사용한 재료**

| 본반죽 | | 부재료 | |
|---|---|---|---|
| 강력분 | 1,000g | 바질 | 480g |
| 소금 | 20g | 베이컨 | 480g |
| 설탕 | 30g | 파르메산 치즈 | 240g |
| 드라이이스트 레드 | 10g | **크림치즈 필링** | |
| 물 | 850g | 크림치즈(끼리) | 800g |
| 르뱅 리키드 | 100g | 생크림(페이장브레통) | 160g |
| 올리브유 | 80g | 슈거파우더 | 80g |
| 전처리한 감자 | 400g | | |

## 만드는 방법

**크림치즈 필링**

**1** 크림치즈를 상온에 두어 부드러운 상태로 만든 후
   믹서볼에 넣고 부드럽게 푼다.

**2** 생크림과 슈거파우더를 모두 넣고 저속에서
   전체적으로 잘 섞일 정도로만 믹싱한다.

**3** 볼에서 꺼내 짤주머니에 담는다.

5-1

5-2

**바질 치아바타 베이글**

**1~4** p.113 치아바타 반죽 본반죽 공정과 같음

**5** 믹싱이 완료된 상태의 치아바타 반죽 2,400g을 볼에서 빼 반죽통에 담고
바질과 베이컨을 반죽 위에 올려 스크레이퍼로 잘라 가며 섞는다.

> TIP 믹서로 섞으면 바질 잎이 완전히 뭉개지면서 즙이 나와 반죽이
> 초록색으로 변해 버린다. 어느 정도 바질의 형태가 남아 있고 반죽에 색이
> 물들지 않도록 손으로 섞는다.

**6** 전체적으로 바질이 잘 섞였다면 실온에서 30분 동안 1차 발효시킨 뒤
펀치하고 30분 동안 더 발효시킨다.

6-1

6-2

6-3

7

7   반죽을 130g씩 분할한 후 둥글리기하여 살짝 긴 타원형으로 만든다.
8   실온에서 약 20분 동안 휴지시킨 뒤 반죽을 가볍게 두드려 가스를 뺀다.
9   약 15㎝ 정도 길이로 늘인 뒤 납작하게 누르고 크림치즈 필링을 가로로
     길게 약 40g 짠다.
10  반죽의 윗부분을 아래쪽으로 덮어 크림치즈를 감싼다.
11  양쪽 끝으로 크림치즈가 새지 않도록 잘 감싼 후 조금 더 길게 밀어 편다.

8

9

10

11

**12** 반죽의 한쪽은 얇게, 반대쪽은 두껍게 만들어 두꺼운 쪽으로 얇은 쪽을 감싸 베이글 모양을 만든다.

**13** 베이킹팬에 이음매가 바닥을 향하게 놓는다.

**14** 온도 28℃, 습도 75%의 발효실에서 약 40분 동안 2차 발효시킨다.

**15** 발효가 완료되었으면 발효실에서 꺼내 반죽 표면에 스프레이로 물을 뿌린 후 파르메산 치즈를 약 10g씩 뿌린다.

**16** 윗불 270℃, 아랫불 270℃ 데크 오븐에 스팀을 넣고 약 12분 동안 구워 색이 노릇노릇하게 나면 오븐에서 꺼내 식힌다.

# 초코 쿠루미

만드는 방법은 아주 간단하지만 반죽 표면에 올린 가염 버터와 초콜릿, 호두 등 부재료의 조합으로 식감과 맛이 모두 돋보이는 제품이다. 호두는 치아바타 반죽과 식감이 잘 어우러지도록 한 번 삶은 뒤 구워 사용한다. 삶아 낸 호두는 삶지 않고 구웠을 때보다 수분을 더 머금어 부드럽다. 반죽을 성형할 때도 최대한 손을 덜 대 반죽 자체의 식감을 최대한 살렸다.

Chocolate Walnut Bread

**타임라인 ▼**

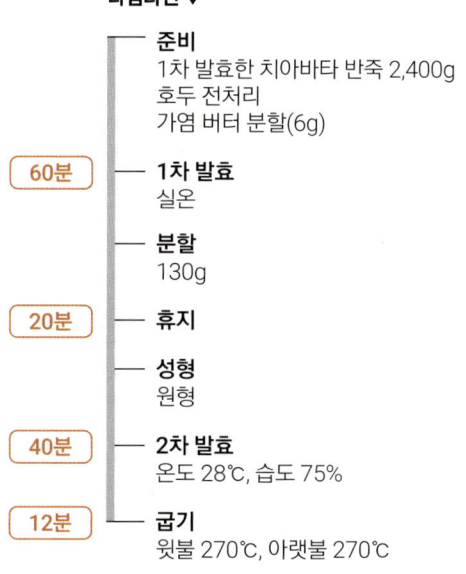

| | |
|---|---|
| | **준비**<br>1차 발효한 치아바타 반죽 2,400g<br>호두 전처리<br>가염 버터 분할(6g) |
| 60분 | **1차 발효**<br>실온 |
| | **분할**<br>130g |
| 20분 | **휴지** |
| | **성형**<br>원형 |
| 40분 | **2차 발효**<br>온도 28℃, 습도 75% |
| 12분 | **굽기**<br>윗불 270℃, 아랫불 270℃ |

**사용한 재료**

| 본반죽 | | 호두 전처리 | |
|---|---|---|---|
| 강력분 | 1,000g | 호두 | 500g |
| 소금 | 20g | 물 | 적당량 |
| 설탕 | 30g | **부재료** | |
| 드라이이스트 레드 | 10g | 다크초콜릿 | 240g |
| 물 | 850g | 전처리한 호두 | 480g |
| 르뱅 리키드 | 100g | 가염 버터 | 144g |
| 올리브유 | 80g | | |
| 전처리한 감자 | 400g | | |

## 만드는 방법

### 호두 전처리

**1** 냄비에 호두를 넣은 후 호두가 충분히 잠길 정도의 물을 넣고 끓인다.

**2** 물이 끓어오르기 시작하면 약 5분 동안 더 끓이고 체에 밭쳐 물을 뺀다.

**3** 베이킹팬에 펼쳐 놓고 윗불 180℃, 아랫불 180℃ 데크 오븐에서 약 20분 동안 구워 수분을 날린 후 식힌다.

### 초코 쿠루미

**1~4** p.113 치아바타 반죽 본반죽 공정과 같음

**5** 믹싱이 완료된 상태의 치아바타 반죽 2,400g을 볼에서 빼 반죽통에 담고 다크초콜릿과 전처리한 호두를 반죽 위에 올려 스크레이퍼로 섞는다.

**TIP** 믹서에서 믹싱하면 다크초콜릿이 강한 힘에 의해 부서지면서 반죽 색이 갈색으로 변하기 때문에 손으로 섞는다.

**6** 충전물이 골고루 잘 섞였다면 실온에서 30분 동안 1차 발효시킨 뒤 펀치하고 30분 동안 더 발효시킨다.

5-1

5-2

6-1

6-2

**7** 발효가 끝난 반죽을 130g씩 분할한 후 둥글리기한다.

**8** 실온에서 약 20분 동안 휴지시킨 뒤 반죽을 가볍게 두드려 가스를 뺀다.

**9** 베이킹팬에 놓고 온도 28℃, 습도 75%의 발효실에서 약 40분 동안 2차 발효시킨다.

**10** 발효가 완료되면 반죽에 스프레이로 물을 뿌리고 손에 물을 묻혀 손가락으로 7개의 구멍을 만든다.

　　　ⓉⒾⓅ 반죽에 구멍을 뚫어서 반죽 속으로 가염 버터가 잘 스며들게 만든다.

**11** 반죽 위에 가염 버터 6g씩을 올린다.

**12** 윗불 270℃, 아랫불 270℃ 데크 오븐에 스팀을 넣고 6분 동안 구운 뒤 아래쪽에 팬 한 장을 덧대어 약 6분 동안 색이 노릇노릇하게 날 때까지 더 굽는다.

# 소시지 치아바타

소시지 치아바타는 작은 치아바타 반죽에 큼직한 소시지를 끼워 넣은 제품이다. 소시지의 육즙과 식감, 그리고 반죽의 향과 맛이 잘 어우러져 적당히 짭조름하면서도 담백한 맛을 느낄 수 있다. 윗면에 올린 치즈는 토치로 그을려 더욱 먹음직스러운 비주얼을 자랑한다.

Sausage Ciabatta

**타임라인 ▼**

― **준비**
1차 발효한 치아바타 반죽 2,400g
허니머스터드 소스
하바티 치즈 슬라이스 커팅

― **분할**
100g

**20분** ― **휴지**

― **성형**
타원형

**40분** ― **2차 발효**
온도 28℃, 습도 75%

**12분** ― **굽기**
윗불 270℃, 아랫불 270℃

**5분** ― **추가 굽기**
윗불 270℃, 아랫불 270℃

― **마무리**
토치로 그슬리기

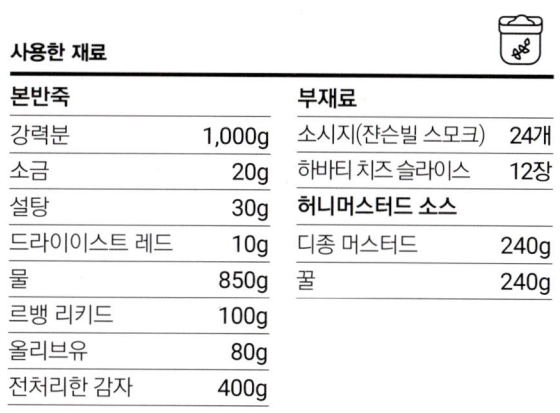

**사용한 재료**

| **본반죽** | | **부재료** | |
|---|---|---|---|
| 강력분 | 1,000g | 소시지(잔슨빌 스모크) | 24개 |
| 소금 | 20g | 하바티 치즈 슬라이스 | 12장 |
| 설탕 | 30g | **허니머스터드 소스** | |
| 드라이이스트 레드 | 10g | 디종 머스터드 | 240g |
| 물 | 850g | 꿀 | 240g |
| 르뱅 리키드 | 100g | | |
| 올리브유 | 80g | | |
| 전처리한 감자 | 400g | | |

## 만드는 방법

### 허니머스터드 소스

**1**　볼에 디종 머스터드와 꿀을 넣어 섞고 짤주머니 혹은 소스통에 담아 사용한다.

### 소시지 치아바타

**1~5**　p.113 치아바타 반죽 본반죽 공정과 같음

**6**　1차 발효가 끝난 치아바타 반죽을 100g씩 분할하고 둥글리기한다.

**7**　실온에서 약 20분 동안 휴지시킨다.

**8**　나무판 위에 캔버스를 깔고 덧가루를 뿌린 다음 반죽을 한 번 더 타원형으로 둥글리기해 놓는다.

**9**　온도 28℃, 습도 75%의 발효실에서 약 40분 동안 2차 발효시킨다.

**10**　나무판 위에 테플론 시트를 깔고 그 위에 반죽을 옮긴 뒤 윗면에 칼집을 살짝 낸다.

11 윗불 270℃, 아랫불 270℃ 데크 오븐에서 12분 동안 굽는다.

12 오븐에서 꺼내 베이킹팬으로 옮긴 후 바로 빵칼로 윗면 중앙을 수직으로 반쯤 자른다.

13 자른 단면에 허니머스터드 소스를 약 18g씩 뿌린 후 소시지를 1개씩 끼워 넣는다.

14 소시지 위에 허니머스터드 소스를 한 줄 짜고 반으로 자른 하바티 치즈 슬라이스를 한 장씩 올린다.

15 다시 동일한 온도의 오븐에 넣어 치즈가 녹고 소시지가 익을 때까지 약 5분 동안 더 굽는다.

16 오븐에서 꺼낸 뒤 토치로 치즈를 그슬린다.

# 치킨 커리 난

인도에서 카레와 함께 먹는 난에서 착안한 제품으로 치아바타 반죽 안에 매콤한 치킨과 카레 페이스트를 넣고 납작하게 만들었다. 치아바타 반죽이 담백하기 때문에 다양한 부재료를 활용해 베리에이션 하기에도 좋다. 매콤하고 짭조름한 맛으로 매운 맛을 좋아하는 손님들이 선호하는 빵이다.

*Chicken Curry Naan*

**타임라인 ▼**

**준비**
1차 발효한 치아바타 반죽 2,400g
호두 전처리

**분할**
100g

**[20분] 휴지**

**성형**
원형

**[40분] 2차 발효**
온도 28℃, 습도 75%

**[12분] 굽기**
윗불 270℃, 아랫불 270℃

**마무리**
토치로 그슬리기

**사용한 재료**

| 본반죽 | | 부재료 | |
|---|---|---|---|
| 강력분 | 1,000g | 카레 페이스트 | 720g |
| 소금 | 20g | 스파이시 치킨 | 1,200g |
| 설탕 | 30g | 올리브유 | 적당량 |
| 드라이이스트 레드 | 10g | 모차렐라 슈레드 치즈 | 720g |
| 물 | 850g | | |
| 르뱅 리키드 | 100g | | |
| 올리브유 | 80g | | |
| 전처리한 감자 | 400g | | |

**만드는 방법**

**1~5** p.113 치아바타 반죽 본반죽 공정과 같음

**6** 1차 발효가 끝난 치아바타 반죽을 100g씩 분할하고 둥글리기한다.

**7** 실온에서 약 20분 동안 휴지시킨다.

**8** 반죽을 가볍게 두드려 가스를 뺀 후 카레 페이스트 30g과 스파이시 치킨
50g씩을 넣어 감싼다.

9  테플론 시트 위에 반죽의 이음매가 아래를 향하게
   놓은 뒤 반죽 표면에 올리브유를 뿌린다.

10 손으로 반죽을 눌러 납작하게 펼친다.

11 온도 28℃, 습도 75%의 발효실에서 약 40분
   동안 발효시킨다.

12 반죽 위에 모차렐라 슈레드 치즈를 약 30g씩
   펼쳐 올린다.

13 윗불 270℃, 아랫불 270℃ 데크 오븐에 스팀을
   넣고 약 12분 동안 구워 색이 노릇노릇하게 나면
   오븐에서 꺼낸다.

14 토치로 치즈 부분을 그슬린 뒤 식힌다.

# 삼색콩 치아바타

병아리콩, 완두콩, 강낭콩 등 세 가지 당절임 콩을 넣어 달달하면서도 담백한 맛이 돋보인다. 부드러운 콩을 넣은 치아바타 반죽을 성형할 때는 최대한 손을 덜 대며 가볍게 작업한다. 덕분에 치아바타 특유의 가볍고 부드러우면서 쫀득한 식감이 그대로 살아 있다.

Tricolor Bean Ciabatta

**타임라인 ▼**

| | |
|---|---|
| | **준비**<br>믹싱한 치아바타 반죽 2,490g |
| 60분 | **1차 발효**<br>실온 |
| | **분할**<br>150g |
| 20분 | **휴지** |
| | **성형**<br>원형 |
| 40분 | **2차 발효**<br>온도 28℃, 습도 75% |
| 12분 | **굽기**<br>윗불 270℃, 아랫불 270℃ |

**사용한 재료**

| 본반죽 | | 부재료 | |
|---|---|---|---|
| 강력분 | 1,000g | 당절임콩 믹스 | 750g |
| 소금 | 20g | 올리브유 | 적당량 |
| 설탕 | 30g | | |
| 드라이이스트 레드 | 10g | | |
| 물 | 850g | | |
| 르뱅 리키드 | 100g | | |
| 올리브유 | 80g | | |
| 전처리한 감자 | 400g | | |

5-1

5-2

## 만드는 방법

**1~4** p.113 치아바타 반죽 본반죽 공정과 같음

**5** 믹싱이 완료된 상태의 치아바타 반죽 2,490g을 볼에서 빼 반죽통에 담고
당절임콩 미스를 반죽 위에 올려 스그레이피로 섞는다.

TIP 당절임콩 미스가 부드러워서 잘 으깨지기 때문에 형태가 그대로 남아
있도록 손으로 섞는다.

**6** 실온에서 30분 동안 1차 발효시킨 뒤 펀치하고 30분 동안 더 발효시킨다.

TIP 펀치하기 전에 올리브유를 뿌려 가며 작업한다.

**7** 반죽을 150g씩 분할한 후 둥글리기한다.

6-1

6-2

7

**8** 실온에서 약 20분 동안 휴지시킨 뒤 반죽을 가볍게 두드려 가스를 뺀다.

**9** 반죽의 이음매가 완전히 붙지 않도록 돌돌 말아서 성형한다.

**10** 나무판 위에 캔버스를 깔고 덧가루를 뿌린 다음 이음매 부분을 덧가루에 찍어 이음매가 아래를 향하게 둔다.

**11** 온도 28℃, 습도 75% 발효실에서 약 40분 동안 발효시킨다.

**12** 테플론 시트 위에 반죽의 이음매가 위를 향하게 뒤집어서 놓는다.

(TIP) 반죽의 이음매가 위를 향하게 놓으면 구워지면서 이음매 부분이 자연스러운 모양으로 터져 먹음직스러워 보인다.

**13** 윗불 270℃, 아랫불 270℃ 데크 오븐에 스팀을 넣고 약 12분 동안 구워 색이 노릇노릇하게 나면 오븐에서 꺼내 식힌다.

# 콘치즈 푸가스

치아바타 반죽에 옥수수, 모차렐라 치즈, 후추를 넣어 만든 낙엽 모양 빵이다. 반죽에 올리브유를 듬뿍 발라
납작하게 펼친 뒤 잎사귀 모양으로 성형해 굽는다. 감자를 넣어 더욱 쫄깃한 치아바타 반죽에 부재료를
골고루 섞어 만들기 때문에 푸가스의 어느 부분을 먹더라도 모든 재료가 씹히는 즐거움을 느낄 수 있다.

Corn Cheese Fougasse

**타임라인 ▼**

| | | |
|---|---|---|
| | **준비** | 믹싱한 치아바타 반죽 2,490g |
| 60분 | **1차 발효** | 실온 |
| | **분할** | 130g |
| 20분 | **휴지** | |
| | **성형** | 삼각형 |
| 40분 | **2차 발효** | 온도 28℃, 습도 75% |
| 12분 | **굽기** | 윗불 270℃, 아랫불 270℃ |

**사용한 재료**

| 본반죽 | | 부재료 | |
|---|---|---|---|
| 강력분 | 1,000g | 스위트콘(통조림) | 500g |
| 소금 | 20g | 모차렐라 슈레드 치즈 | 500g |
| 설탕 | 30g | 통후추 | 5g |
| 드라이이스트 레드 | 10g | 올리브유 | 적당량 |
| 물 | 850g | 파르메산 치즈 가루 | 260g |
| 르뱅 리키드 | 100g | | |
| 올리브유 | 80g | | |
| 전처리한 감자 | 400g | | |

5                                                            6-1                                        6-2

## 만드는 방법

**1~4** p.113 치아바타 반죽 본반죽 공정과 같음

**5**   믹싱이 완료된 상태의 치아바타 반죽 2,490g을 볼에서 빼 반죽통에 담고
      물기를 뺀 스위트콘 500g과 모차렐라 슈레드 치즈, 간 통후추를 반죽 위에
      올린 뒤 스크레이퍼로 섞는다.
      **TIP** 스위트콘이 부드러워서 으깨질 수 있기 때문에 형태가 그대로 남아
      있도록 손으로 섞는다.

**6**   실온에서 30분 동안 1차 발효시킨 뒤 펀치하고 30분 동안 더 발효시킨다.

**7**   반죽을 130g씩 분할한 후 둥글리기한다.

7-1                                               7-2

8   실온에서 약 20분 동안 휴지시킨다.

9   밀대로 긴 삼각형 모양으로 밀어 편다.

10  나무판 위에 테플론 시트를 깔고 그 위에 반죽을 옮긴 뒤 스크레이퍼로
    중앙에 일자로 한 번, 양 옆을 세 번씩 자른다.

11  올리브유를 묻힌 손으로 잘린 부분을 벌려서 푸가스 모양을 만든다.

12  온도 28℃, 습도 75%의 발효실에서 약 40분 동안 2차 발효시킨다.

13  푸가스 반죽 위에 올리브유를 골고루 뿌린 후 파르메산 치즈 가루를
    전체적으로 뿌린다.

14  윗불 270℃, 아랫불 270℃ 데크 오븐에 스팀을 넣고 약 12분 동안 구워
    색이 노릇노릇하게 나면 오븐에서 꺼내 식힌다.

# 토마토 포카치아

토마토 포카치아는 치아바타 반죽에 토마토 마리네이드를 넣어 반죽 전체에 토마토와 올리브유의 향이 가득하도록 만들어낸 제품이다. 다른 제품들과 다르게 큰 베이킹팬에 반죽을 펼쳐서 큰 사이즈로 구워낸다. 무이에서는 말돈 소금과 로즈메리를 사용한 플레인 포카치아와 토마토 포카치아까지 총 2종류를 만들지만 조금 더 다양한 재료를 사용하여 베리에이션하기에 좋다.

*Tomato Focaccia*

**타임라인 ▼**

| | | |
|---|---|---|
| | **준비** | 믹싱한 치아바타 반죽 2,490g |
| 24시간 | **토마토 마리네이드** | |
| 60분 | **1차 발효** | 온도 28℃, 습도 75% |
| 20분 | **휴지** | |
| | **성형** | 펼치기 |
| 50분 | **2차 발효** | 온도 28℃, 습도 75% |
| 20분 | **굽기** | 윗불 270℃, 아랫불 270℃ |

**사용한 재료**

| 본반죽 | | 토마토 마리네이드 | |
|---|---|---|---|
| 강력분 | 1,000g | 방울토마토 | 500g |
| 소금 | 20g | 올리브유 | 200g |
| 설탕 | 30g | 건조 바질 | 2g |
| 드라이이스트 레드 | 10g | 소금 | 2g |
| 물 | 850g | **부재료** | |
| 르뱅 리키드 | 100g | 올리브유 | 적당량 |
| 올리브유 | 80g | | |
| 전처리한 감자 | 400g | | |

## 만드는 방법

### 토마토 마리네이드

**1** 방울토마토를 반으로 잘라 테플론 시트를 깐 베이킹팬에 단면이 위를 향하게 놓는다.

**2** 올리브유(분량 외)를 뿌린 뒤 윗불 130℃, 아랫불 130℃ 데크 오븐에서 약 20분 동안 건조시킨다.

**3** 건조된 토마토를 식히고 볼에 모든 재료를 담아 잘 섞는다.

(TIP) 완성된 마리네이드는 하루 동안 숙성시키고 서늘한 곳에 보관하면 최대 일주일 동안 사용 가능하다.

### 토마토 포카치아

**1~4** p.113 치아바타 반죽 본반죽 공정과 같음

**5** 믹싱이 완료된 치아바타 반죽 2,490g을 볼에서 빼 올리브유를 뿌린 60×40×4.5㎝ 베이킹팬으로 옮기고 숙성시킨 토마토 마리네이드 490g을 반죽 위에 올린다.

**6** 스크레이퍼로 섞은 뒤 두께가 일정하도록 평평하게 누른다.

(TIP) 토마토가 부드러워서 으깨질 수 있기 때문에 형태가 그대로 남아 있도록 손으로 섞는다.

7 온도 28℃, 습도 75%의 발효실에서 30분 동안 1차 발효시킨 뒤 펀치하고
   30분 동안 더 발효시킨다.

8 반죽을 손으로 누르면서 고른 두께로 펼친다.

9 온도 28℃, 습도 75%의 발효실에서 30분 동안 2차 발효시킨다.

10 다시 한 번 반죽을 손으로 눌러서 고른 두께로 펼친다.

11 발효실에서 20분 동안 더 발효시킨다.

12 반죽이 팬 높이보다 1㎝ 낮은 정도로 발효가 되면 올리브유를 뿌리고
   손가락으로 눌러 공기를 제거한다.

13 윗불 270℃, 아랫불 270℃ 데크 오븐에 스팀을 넣고 약 20분 동안 구워
   색이 노릇노릇하게 나면 오븐에서 꺼내 다시 한 번 올리브유를 윗면에
   바른다.

14 식힌 뒤 16등분으로 자른다.

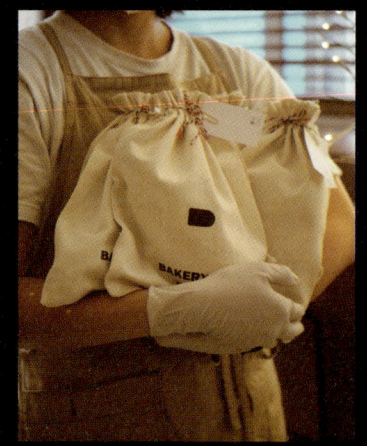

### < 패키지 >

매장 오픈 초기에는 종이 포장지가 깔끔하고 예뻐 보여서 종이포장지를 사용했다. 하지만 시간이 지나면서 손님의 대다수가 구입 후 더 오랫동안 빵을 보관하며 먹는다는 점을 고려하게 되었다. 그렇다면 종이 포장지는 결코 좋은 방법이 아니었다. 그래서 현재는 비닐을 기본 포장재로 사용한다. 물론 제품의 특성에 따라 다른 포장재를 사용할 때도 있지만 기본 포장은 비닐로 하고 있다. 국내 베이커리에서 일반적으로 많이 사용하는 opp 비닐 대신 폴리에틸렌 소재의 비닐을 쓴다. 그 어떤 포장재보다도 빵의 식감을 잘 보존해 주는 포장재라고 생각하기 때문이다. 브랜드 자체의 이미지를 위해 예쁜 빵을 만들고 예쁘게 포장하는 것보다는 오로지 정말 맛있는 빵을 최고의 상태로 손님들에게 전하는 것이 가장 중요하다고 생각한다. 이렇게 생각을 바꾸기는 했지만 손님들이 보기에 멋없어 보이지는 않을까, 싫어하지는 않을까 하는 염려도 많았다. 하지만 걱정과는 다르게 오히려 빵이 맛있다는 피드백이 늘었고 예쁘지만 거추장스러운 패키지보다는 비닐 포장법을 더 선호하는 손님이 많았다. 결과적으로 제품을 구매한 후 조금 두었다 먹어도 빵의 상태가 잘 보존되었기 때문에 많은 분들이 찾아주는 가게가 될 수 있었다.

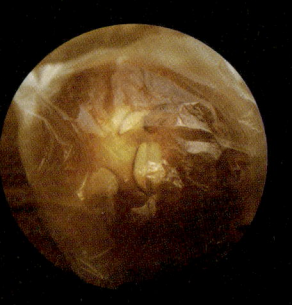

# < 빵의 온도 >

매장 내에서 드시는 손님들에게는 빵을 따뜻하게 데워 내는 것을 원칙으로 삼고 있다. 모든 제품을 데워 내는 것은 아니고 제품의 특성에 맞게 구분하여 제공하는 서비스이다. 무이는 '둘도 없는 공간, 둘도 없는 맛'이라는 의미인데, 이름 그대로 무이에서 가장 맛있게 빵을 드셨으면 하는 바람에서이다. 그 마음이 통한 것인지 많은 손님이 "와서 먹으니까 더 맛있다"는 후기를 남겨 좋은 방향으로 나아가고 있다는 확신이 든다.

또 방금 구운 제품에는 '갓 나온 빵'이라는 표시를 붙인다. 구입한 후 당일에 바로 먹는 손님도 많기 때문에 그 표시를 보면 더욱 반가워하는 것 같다. 제빵사가 아니고서는 갓 나온 빵을 맛보기가 힘든데 갓 구워져 나온 빵에 행복해 하는 손님들을 보면 선입선출식 판매보다 가장 맛있을 때 제공하는 방법이 더 좋은 것 같다.

저온 숙성으로 만드는
가벼운 식감의   無二

크루아상

무이의 크루아상은 오버나이트법으로 저온 숙성시킨 반죽
으로 만든다. 크루아상은 무수히 많은 배합으로, 무수히 많은
제품 특성을 만들 수 있다. 그중 무이가 추구하는 크루아상
은 먹을 때 잘 부스러지지 않으면서 버터 풍미가 과하지 않
은 것. 저온 숙성된 반죽 자체의 은은한 맛과 버터 풍미가
조화를 이루는 것이다. 버터만 돋보이기보다는 반죽 자체도
맛있기를 바랐고 먹기에도 불편하지 않았으면 했다.

# 크루아상 반죽 만들기

**BASE DOUGH FOR CROISSANT**

### 사용한 재료

**오버나이트법 | 총중량 4,746g**

| | | | |
|---|---|---|---|
| 강력분 | 1,000g | 달걀 | 120g |
| T45 | 1,000g | 물 | 800g |
| 전지분유 | 100g | 몰트 희석액 | 6g |
| 소금 | 40g | → 물:몰트 농축액=1:1 | |
| 설탕 | 200g | 르뱅 리키드 | 200g |
| 세미드라이이스트 골드 | 40g | 발효 버터 | 200g |
| 꿀 | 40g | 시트 버터 | 1,000g |

**타임라인 ▶**

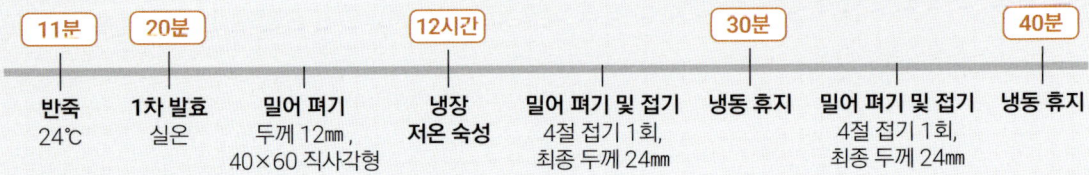

| 11분 | 20분 | | 12시간 | | 30분 | | 40분 |
|---|---|---|---|---|---|---|---|
| 반죽<br>24℃ | 1차 발효<br>실온 | 밀어 펴기<br>두께 12mm,<br>40×60 직사각형 | 냉장<br>저온 숙성 | 밀어 펴기 및 접기<br>4절 접기 1회,<br>최종 두께 24mm | 냉동 휴지 | 밀어 펴기 및 접기<br>4절 접기 1회,<br>최종 두께 24mm | 냉동 휴지 |

### 만드는 방법

1 믹서볼에 시트 버터를 제외한
   모든 재료를 넣고 저속에서 10분,
   고속에서 1분 동안 믹싱한다.

2 반죽을 볼에서 빼 표면이
   매끈해지도록 둥글린 후 실온에서
   20분 동안 1차 발효시킨다.

**3** 파이롤러를 사용해 두께 12mm, 40×60cm 베이킹팬 크기가 될 때까지 밀어 편다.

**4** 베이킹팬에 비닐을 깔고 반죽을 놓은 뒤 비닐로 잘 감싸 밀봉하고 냉장고(3℃)에서 약 12시간
이상 저온 숙성시킨다.

**5** 시트 버터를 미리 실온에 꺼내 두었다가 두께 11mm가 될 때까지 밀어 펴고 부드러운 상태로
만들어 놓는다.

**6** 냉장고에서 저온 숙성시킨 반죽을 꺼내 두께 20mm, 시트 버터의 2배 크기로 밀어 편다.

7   시트 버터를 반죽 한쪽에 올리고 칼로 반죽의 반을 잘라 반죽과 반죽 사이에
    시트 버터가 올 수 있도록 덮는다.
8   반죽을 밀던 방향 그대로 두께 30㎜가 될 때까지 밀어 편다.
9   반죽을 90° 회전시켜 두께 7㎜가 될 때까지 천천히, 여러 번 밀어 편다.
10  4절 접기하고 마지막에 접힌 부분을 칼로 자른다.

7-1

7-2

9

10-1

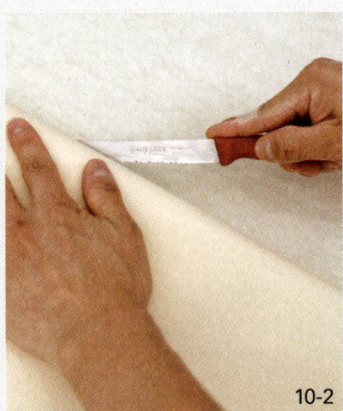
10-2

12

11  밀던 방향 그대로 두께 27㎜가 될 때까지 밀어 편 후 반죽을 90° 회전시켜
    다시 두께 24㎜가 될 때까지 밀어 편다.

12  비닐을 깐 베이킹팬에 옮겨 밀봉하고 냉동고(-18℃)에서 약 15분 동안
    휴지시킨 뒤 반죽을 뒤집어서 다시 15분 동안 휴지시킨다(총 30분).

13  8~11의 과정을 반복해 4절 접기 1회를 더 한 후 냉동고에서 20분 동안
    휴지, 반죽을 뒤집어서 다시 20분 동안 휴지시킨다(총 40분).

13-1

13-2

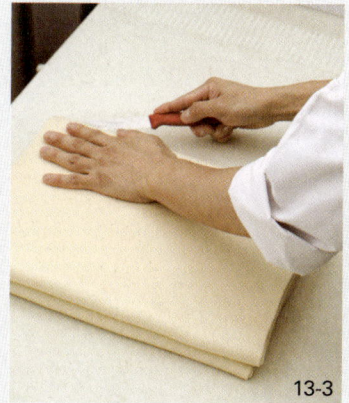

13-3

# 크루아상

무이에서는 크루아상을 데크 오븐으로 굽는다. 컨벡션 오븐에 구우면 모양은 예쁘게 나오지만 오븐의
특성상 빵의 내부까지 건조되어 다소 건조한 크루아상이 되기 쉽다. 반면 데크 오븐에 구우면 빵속이
촉촉하고 껍질이 얇은 크루아상을 만들 수 있다. 가벼운 식감과 촉촉한 크럼, 그리고 은은한 발효 풍미를
느낄 수 있는 크루아상 제조법을 소개한다.

**Croissant**

**타임라인 ▼**

| | **준비**<br>크루아상 반죽 4,746g |
|---|---|
| **80분** | **밀어 펴기**<br>폭 58cm, 두께 4mm |
| | **재단**<br>9.3×28cm 이등변 삼각형 |
| **10분** | **휴지** |
| | **성형**<br>크루아상 모양 |
| **120분** | **2차 발효**<br>온도 28℃, 습도 75% |
| **20분** | **굽기**<br>윗불 230℃, 아랫불 180℃ |

**사용한 재료**

| 강력분 | 1,000g | 물 | 800g |
|---|---|---|---|
| T45 | 1,000g | 몰트 희석액 | 6g |
| 전지분유 | 100g | → 물:몰트 농축액=1:1 | |
| 소금 | 40g | 르뱅 리키드 | 200g |
| 설탕 | 200g | 발효 버터 | 200g |
| 세미드라이이스트 골드 | 40g | 판 버터 | 1,000g |
| 꿀 | 40g | **부재료** | |
| 달걀 | 120g | 달걀물 | 적당량 |

### 만드는 방법

**1~13** p.159 크루아상 반죽 공정과 같음

**14**　냉기를 골고루 머금고 있는 반죽을 파이롤러로 밀어 펴 폭 58㎝로 만든 후
두께 4㎜가 될 때까지 왕복으로 밀어 편다.
　　　TIP 최종 재단하는 폭은 28×2㎝이지만 조금씩 수축하기 때문에 조금 더
크게 밀어 편다.

**15**　반죽을 작업대로 옮겨 수축된 부분을 다시 밀어 펴서 폭이 56㎝가 되도록
모양을 다듬는다.

**16**　반죽을 길게 반으로 자른 뒤 위쪽 반죽을 아래 반죽과 겹쳐 놓는다.
　　　TIP 한 번에 재단하기 위한 방법이다.

**17**　반죽을 한 번씩 들었다가 놓아서 수축된 부분을 푼 다음 파이칼을 폭
9.3㎝로 맞추어 이등변 삼각형이 되도록 위아래에 재단할 곳을 표시한다.

**18**　표시한 부분을 칼로 한 번에 깔끔하게 자른다.

**19**　베이킹팬에 옮겨 냉장고에서 약 10분 동안 휴지시킨다.

**20** 반죽을 살살 늘이고 돌돌 말아 크루아상 모양으로 성형한다.

**21** 베이킹팬에 놓고 온도 28℃, 습도 75% 발효실에 넣어 약 90~120분 동안 2차 발효시킨다.

> **TIP** 레시피에는 성형한 후에 바로 발효한다고 적었지만 가급적이면 냉동고에서 하루 동안 휴지시킨 후 다음날 발효시켜 구워야 제품을 조금 더 안정적인 모양으로 만들 수 있다.

**22** 실온에 꺼내 표면을 살짝 말린 뒤 달걀물을 얇게 바른다.

**23** 윗불 230℃, 아랫불 180℃의 데크 오븐에 스팀을 넣고 약 20분 동안 굽는다.

# 크러핀

크러핀은 크루아상 반죽을 머핀 모양으로 구운 후 겉면에 설탕을 묻혀서 완성시키는 제품이다. 크루아상과 크게 다르지 않지만 작은 변화만으로 변주를 줄 수 있고 또 다른 성형 방법으로 만드는 재미가 있다. 무이에서는 기본 크러핀과 크러핀에 크림을 채워 넣은 크림 크러핀, 쇼콜라 크러핀 이렇게 세 종류를 판매하고 있다. 이 외에도 선호하는 충전물을 넣어서 다양한 제품을 만들 수 있다.

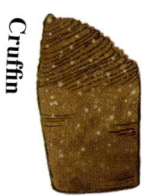
Cruffin

**타임라인 ▼**

— **준비**
　크루아상 반죽 4,746g
　지름 7㎝, 높이 7㎝ 원형 무스케이크틀

— **밀어 펴기**
　폭 55㎝, 두께 4㎜

— **재단**
　높이 5.2㎝ 원통형

[80분] — **2차 발효**
　온도 28℃, 습도 75%

[30분] — **굽기**
　윗불 220℃, 아랫불 180℃

— **마무리**
　설탕 묻히기

**사용한 재료**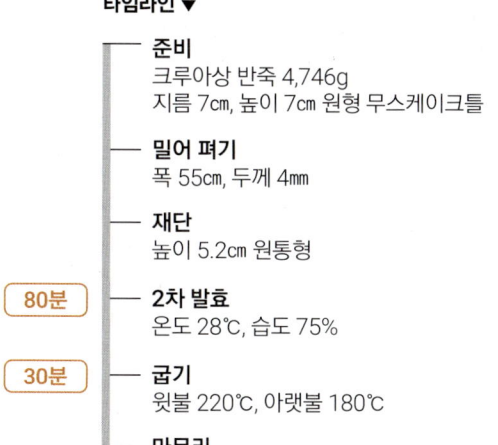

| 크루아상 반죽 | | 물 | 800g |
|---|---|---|---|
| 강력분 | 1,000g | 몰트 희석액 | 6g |
| T45 | 1,000g | → 물:몰트 농축액=1:1 | |
| 전지분유 | 100g | 르뱅 리키드 | 200g |
| 소금 | 40g | 발효 버터 | 200g |
| 설탕 | 200g | 판 버터 | 1,000g |
| 세미드라이이스트 골드 | 40g | **부재료** | |
| 꿀 | 40g | 설탕 | 적당량 |
| 달걀 | 120g | | |

## 만드는 방법

**크러핀**

**1~13** p.159 크루아상 반죽 공정과 같음

**14** 냉기를 골고루 머금고 있는 반죽을 파이롤러로
밀어 펴 폭 55㎝로 만든 후 두께 4㎜가 될 때까지
왕복으로 밀어 편다.

**15** 반죽을 작업대로 옮겨 수축된 부분을 다시 밀어
펴서 직사각형이 되도록 모양을 다듬는다.

**16** 반죽의 윗부분과 아랫부분이 반듯하도록 잘라
정리하고 반죽을 길게 반을 자른다.

**17** 스프레이로 반죽 전체에 가볍게 물을 뿌린 후
위쪽부터 돌돌 말아 원통형 모양을 만든다.

**18** 남은 반죽도 동일하게 원통형 모양으로 만든다.

**19** 두 반죽을 모아 다시 반을 잘라서 4줄로 만든다.
**TIP** 이 때 꼭 4줄로 만들 필요는 없지만 재단을
조금 더 빠르게 하기 위해서 4줄로 만든다.

**20** 파이칼을 사용해 폭 5.2cm를 표시하고 자른다.

**21** 지름 7cm, 높이 7cm 원형 무스케이크틀에 자른 반죽을 세워 한 개씩 넣는다.

**22** 온도 28℃, 습도 75% 발효실에서 약 1시간 20분 동안 2차 발효시킨 뒤 실온에서 건조시킨다.

　　TIP 반죽 겉면에 수분이 많으면 틀에서 빼기가 힘들기 때문에 실온에서 충분히 건조시킨 뒤에 굽는다.

**23** 윗불 220℃, 아랫불 180℃ 데크 오븐에 넣고 약 30분 동안 굽는다.

**24** 오븐에서 꺼내 충분히 식힌 다음 틀을 제거한다.

**25** 바로 겉면에 설탕을 묻힌다.

# 헤이즐넛 프랄리네 팽 오 쇼콜라

굵게 간 아몬드와 헤이즐넛 프랄리네를 섞어 조금 더 입자가 씹히는 질감의 페이스트를 만든 다음 스틱 초콜릿을 함께 넣고 돌돌 만 팽 오 쇼콜라이다. 프랄리네가 스틱 초콜릿과 반죽의 풍미를 한층 살리고 질감과 맛도 더 잘 어우러지도록 한다.

Hazelnut Praline Pain au Chocolat

**타임라인 ▼**

- **준비**
  크루아상 반죽 4,746g
  헤이즐넛 프랄리네 & 아몬드 페이스트

- **밀어 펴기**
  폭 55cm, 두께 4mm

- **재단**
  8.5×17cm 직사각형

- **성형**
  원통형

- **2차 발효** `90분`
  온도 28℃, 습도 75%

- **굽기** `20분`
  윗불 225℃, 아랫불 180℃

**사용한 재료**

### 크루아상 반죽

| | |
|---|---|
| 강력분 | 1,000g |
| T45 | 1,000g |
| 전지분유 | 100g |
| 소금 | 40g |
| 설탕 | 200g |
| 세미드라이이스트 골드 | 40g |
| 꿀 | 40g |
| 달걀 | 120g |
| 물 | 800g |
| 몰트 희석액 | 6g |
| → 물:몰트 농축액=1:1 | |

| | |
|---|---|
| 르뱅 리키드 | 200g |
| 발효 버터 | 200g |
| 판 버터 | 1,000g |

### 헤이즐넛 프랄리네 & 아몬드 페이스트

| | |
|---|---|
| 헤이즐넛 프랄리네 | 500g |
| (발로나 헤즐넛 프랄린 60%) | |
| 아몬드 슬라이스 | 280g |

### 부재료

| | |
|---|---|
| 스틱 초콜릿 | 117개 |
| 달걀물 | 적당량 |

## 만드는 방법

### 헤이즐넛 프랄리네 & 아몬드 페이스트

1 믹서에 아몬드 슬라이스를 넣고 굵은 입자로 간다.
  TIP 통아몬드를 사용해도 무방하시만 아몬드 슬라이스를 사용할
  때보다 작업 시간이 길어진다.

2 베이킹팬에 간 아몬드를 펼쳐 넣고 윗불 200℃, 아랫불 200℃
  데크 오븐에서 10분 동안 굽는다.

3 헤이즐넛 프랄리네와 구운 아몬드 가루를 섞어 짤주머니에 담는다.

### 헤이즐넛 프랄리네 팽 오 쇼콜라

**1~13** p.159 크루아상 반죽 공정과 같음

14 냉기를 골고루 머금고 있는 반죽을 파이롤러로 밀어 펴 폭 55㎝로
  만든 후 두께 4㎜가 될 때까지 왕복으로 밀어 편다.
  TIP 최종 재단하는 폭은 51㎝이지만 조금씩 수축하기 때문에
  조금 더 크게 밀어 편다.

15 반죽을 작업대로 옮겨 수축된 부분을 다시 밀어 펴서
  폭이 51㎝가 되도록 모양을 다듬는다.

16 반죽을 8.5×17㎝ 직사각형으로 자른다.

17 반죽의 아랫부분 1㎝ 정도 위에 헤이즐넛 프랄리네 & 아몬드
  페이스트를 한 줄로 20g씩 짠다.

18 그 위쪽에 스틱 초콜릿을 2개, 1개로 간격을 조금 띄워 놓는다.

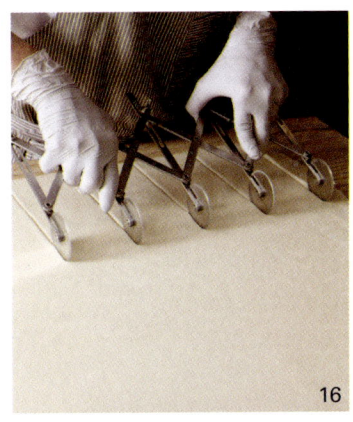

19 아래쪽부터 위쪽으로 가볍게 돌돌 만다.

20 베이킹팬에 이음매가 아래를 향하게 살짝 눌러 놓는다.

　　TIP 이음매가 가운데가 아닌 한쪽으로 치우쳐 있으면 발효되면서 반죽의
　　강한 힘 때문에 풀릴 수 있으므로 가운데로 오도록 맞춘 뒤 살짝 누른다.

21 온도 28℃, 습도 75% 발효실에서 1시간~1시간 30분 동안 발효시킨다.

22 발효실에서 꺼내 실온에서 표면을 살짝 건조시키고 달걀물을 얇게 바른다.

23 윗불 225℃, 아랫불 180℃의 데크 오븐에 스팀을 넣고 약 20분 동안
　　굽는다.

# 흑맥주 통밀 크루아상

통밀 100%로 만드는 크루아상으로, 기본 크루아상처럼 볼륨감 있고 촉촉한 빵은 아니지만 통밀 특유의 향과 흑맥주의 향이 잘 어우러지는 제품이다. 통밀의 특성상 부피는 매우 작지만 그만큼 빵속이 조밀해서 먹으면 꽤 포만감이 느껴진다. 또 겉면에 흑설탕 글레이즈를 발라 처음 한입을 베어 물면 달콤함이 느껴지면서 통밀 특유의 쌉싸름한 맛이 줄고 풍미는 더욱 높아진다.

Dark beer whole wheat croissant

**타임라인 ▼**

| | | |
|---|---|---|
| **11분** | **반죽** | 23℃ |
| **15분** | **1차 발효** | 실온 |
| | **밀어 펴기** | 두께 12mm, 직사각형 |
| **12시간** | **냉장 저온 숙성** | |
| | **밀어 펴기 및 접기** | 4절 접기 1회, 최종 두께 24mm |
| **20분** | **냉동 휴지** | |
| | **밀어 펴기 및 접기** | 4절 접기 1회, 최종 두께 24mm |
| **40분** | **냉동 휴지** | |
| | **밀어 펴기** | 폭 54cm, 두께 4mm |
| | **재단** | 9.4×26.2cm 이등변 삼각형 |
| **10분** | **휴지** | |
| | **성형** | 크루아상 모양 |
| **100분** | **2차 발효** | 온도 28℃, 습도 75% |
| **18분** | **굽기** | 윗불 230℃, 아랫불 180℃ |
| | **마무리** | 흑설탕 글레이즈 |

**사용한 재료**　　　　　　　**오버나이트법** 🍺

| 흑맥주 통밀 크루아상 반죽 | | 흑설탕 글레이즈 | |
|---|---|---|---|
| 통밀가루 | 2,000g | 흑설탕 | 350g |
| 소금 | 40g | 물 | 350g |
| 흑설탕 | 200g | 설탕 | 350g |
| 세미 드라이이스트 골드 | 40g | 꿀 | 175g |
| 꿀 | 40g | | |
| 몰트 희석액<br>→ 물:몰트 농축액=1:1 | 4g | | |
| 흑맥주 | 1,000g | | |
| 발효 버터 | 200g | | |
| 시트 버터 | 1,000g | | |

### 만드는 방법

**흑설탕 글레이즈**

1  냄비에 모든 재료를 넣고 끓인다.
2  팔팔 끓고 어느 정도 점성이 생기면 불에서 내려 식힌다.
   (TIP) 사용하기 전에 다시 데워서 사용한다.

 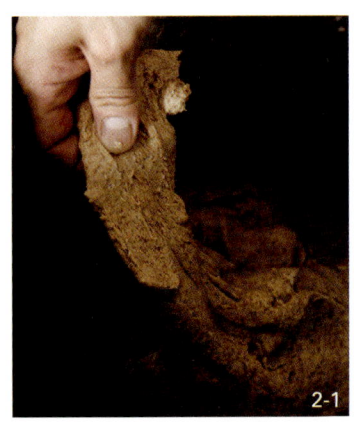 

**흑맥주 통밀 크루아상 반죽**

1  믹서볼에 시트 버터를 제외한 모든 재료를 넣고 저속에서 10분, 고속에서
   1분 동안 믹싱한다.
2  반죽을 볼에서 빼 표면이 매끈해지도록 둥글린 후 실온에서 15분 동안 1차
   발효시킨다.

**3** 파이롤러를 사용해 두께 12㎜가 될 때까지 직사각형 모양으로 밀어 편다.

**4** 비닐로 반죽을 잘 감싼 후 베이킹팬으로 옮겨 냉장고(3℃)에서 약 12시간 이상 저온 숙성시킨다.

**5** 시트 버터를 미리 실온에 꺼내 두었다가 두께 11㎜가 될 때까지 밀어 펴고 부드러운 상태로 만들어 놓는다.

**6** 냉장고에서 저온 숙성시킨 반죽을 꺼내 두께 20㎜, 시트 버터의 2배 크기로 밀어 편다.

7-1    7-2    8

**7** 시트 버터를 반죽 한쪽에 올리고 칼로 반죽의 반을 잘라 반죽과 반죽 사이에 시트 버터가 올 수 있도록 덮는다.

**8** 반죽을 밀었던 방향 그대로 두께가 30㎜가 될 때까지 밀어 편다.

**9** 반죽을 90° 회전시켜 두께가 7㎜가 될 때까지 천천히, 여러 번 밀어 편다.

**10** 4절 접기하고 마지막에 접힌 부분을 칼로 자른다.

9    10-1    10-2

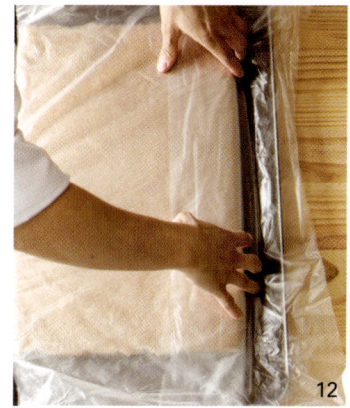

**11** 밀던 방향 그대로 두께 27㎜가 될 때까지 밀어 편 후 반죽을 90° 회전시켜 다시 두께 24㎜가 될 때까지 밀어 편다.

**12** 비닐을 깐 베이킹팬에 옮겨 밀봉하고 냉동고(-18℃)에서 약 10분 동안 휴지시킨 뒤 반죽을 뒤집어서 다시 10분 동안 굳힌다(총 20분).

**13** 8~11의 과정을 반복해 4절 접기 1회를 더 한 후 냉동고에서 20분 동안 휴지, 반죽을 뒤집어서 다시 20분 동안 휴지시킨다(총 40분).

**14** 냉기를 골고루 머금고 있는 반죽을 밀어 펴 폭 52.5㎝로 만든 후 두께 4㎜가 될 때까지 왕복으로 밀어 편다.

TIP 흑맥주 통밀 크루아상 반죽은 탄력이 적어서 잘 수축하지 않기 때문에 더 크게 밀지 않아도 괜찮다.

**15** 반죽을 작업대로 옮겨 수축된 부분을 다시 밀어 펴서 폭 54㎝의 직사각형이
되도록 모양을 다듬는다.

**16** 반죽을 길게 반으로 자른 뒤 위쪽 반죽을 아래 반죽과 겹쳐 놓는다.

**17** 반죽을 한 번씩 들었다가 놓아서 수축된 부분을 푼 다음 파이칼을 폭
9.4㎝로 맞추어 이등변 삼각형이 되도록 위아래에 재단할 곳을 표시한다.

18-1

18-2

19

20

**18** 표시한 부분을 칼로 한 번에 깔끔하게 자른 뒤 냉장고에서 10분 동안
휴지시킨다.

**19** 반죽을 늘이지 않고 돌돌 말아 크루아상 모양으로 성형한다.
(TIP) 통밀 반죽은 아주 약하기 때문에 더 늘이지 않는다.

**20** 베이킹팬에 놓고 온도 28℃, 습도 75% 발효실에 넣어 약 1시간 40분
동안 2차 발효시킨다.

**21** 윗불 230℃, 아랫불 180℃의 데크 오븐에 스팀을 넣고 약 18분 동안
굽는다.

**22** 오븐에서 꺼낸 뒤 바로 뜨거운 상태의 흑설탕 글레이즈를 얇게 바르고
식힌다.

22

### < 가게가 추구하는 방향성을 담고 있는 빵 >

잘 팔리지 않는 제품 때문에 고민하는 제빵사들이 상당히 많을 것이다. 우리도 그런 경험이 많으니까. 하지만 포기하지 않고 추구하는 제품을 더욱 상품성 있게 다듬으면 반드시 노력이 들어간 만큼 좋은 결과를 얻을 수 있다고 믿는다. 세상에는 아주 다양한 입맛이 존재하기 때문에 그 많은 사람들의 말을 일일이 귀담아들을 수는 없다. 그러면 정작 본인이 추구하는 본질을 잃어버리게 된다. 항상 본질을 잃지 않는 범위 내에서 지속적인 수정을 통해 좋은 결과를 얻는 것이 중요하다.

### < 서비스도 좋은 빵의 일부이다 >

좀 다른 얘기가 될지 모르겠지만 맛뿐만 아니라 서비스도 좋은 빵의 일부분이라고 생각한다. 빵을 구매할 때 좋은 응대를 경험하면 그 빵이 더욱 맛있게 느껴지는 것은 당연하다. 제품의 특성이나 먹는 법, 보관법 등을 잘 설명하고 손님의 질문이나 요청에 적절히 대응하는 모든 일들이 서비스의 영역에 속한다. 항상 제품뿐만 아니라 서비스 부분도 소홀히 하지 않도록 꾸준히 노력하고자 한다.

담백한 버터 풍미의
페이스트리

無二

# 데니시 페이스트리

무이의 데니시 페이스트리 반죽은 굉장히 담백한 맛을 느낄
수 있는 배합이다. 그래서 활용도가 높아 이 데시니 페이스
트리 반죽으로 매번 다양한 신제품을 출시하고 있다. 특히
발효 정도에 따라 바삭한 제품을 만들 수도 있고 부드럽고
촉촉한 제품을 만들 수도 있다는 게 큰 장점이다. 다만 반죽
자체의 맛이 크루아상 반죽보다 약하기 때문에 주로 필링을
올리거나 필링을 넣는 제품에 사용하는 것이 좋다.

# 데니시 페이스트리 반죽 만들기

## BASE DOUGH FOR DANISH PASTRY

### 사용한 재료

**스트레이트법 | 총중량 3,356g**

| | | | |
|---|---|---|---|
| 강력분 | 332g | 세미드라이이스트 골드 | 27g |
| T45 | 1,000g | 달걀 | 332g |
| 전지분유 | 66g | 물 | 454g |
| 소금 | 13g | 판 버터 | 1,000g |
| 설탕 | 132g | | |

### 타임라인 ▶

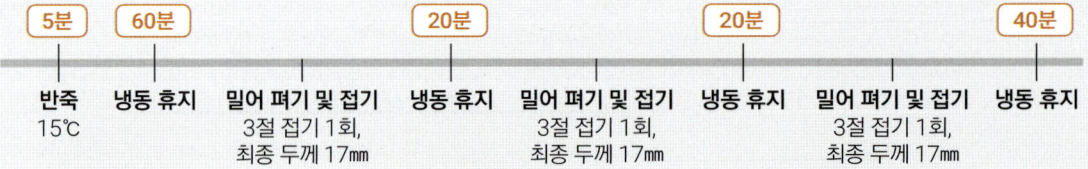

| 5분 | 60분 | | 20분 | | 20분 | | 40분 |
|---|---|---|---|---|---|---|---|
| 반죽 | 냉동 휴지 | 밀어 펴기 및 접기 | 냉동 휴지 | 밀어 펴기 및 접기 | 냉동 휴지 | 밀어 펴기 및 접기 | 냉동 휴지 |
| 15℃ | | 3절 접기 1회,<br>최종 두께 17㎜ | | 3절 접기 1회,<br>최종 두께 17㎜ | | 3절 접기 1회,<br>최종 두께 17㎜ | |

### 만드는 방법

**데니시 페이스트리 반죽**

1  믹서볼에 시트 버터를 제외한 모든 재료를 넣고 저속에서 4분, 고속에서 1분 동안 믹싱한다.

1-1

1-2

**2** 반죽을 볼에서 빼 표면이 매끈해지도록 둥글린 후 반죽을 눌러 펴
20×30㎝ 정도 크기의 직사각형으로 만든다.

**3** 비닐로 감싸 밀봉한 다음 냉동고(-18℃)에서 1시간 동안 휴지시킨다.
TIP 데니시 페이스트리 반죽은 냉동고에서 표면이 얼기 쉬우므로 중간에
한 번씩 뒤집어 줘야 한다.

**4** 시트 버터를 미리 실온에 꺼내 두었다가 두께 11㎜가 될 때까지 밀어
펴고 부드러운 상태로 만들어 놓는다.

**5** 냉동고에서 단단해진 반죽을 꺼내 파이롤러로 두께 8㎜, 시트 버터의
2배 크기로 밀어 편다.

6-1

6-2

**6**   시트 버터를 반죽 한쪽에 올리고 칼로 반죽의 반을 잘라 반죽과 반죽
　　　사이에 시트 버터가 올 수 있도록 덮는다.

**7**   반죽을 밀었던 방향 그대로 두께가 20㎜가 될 때까지 밀어 편다.

**8**   반죽을 90° 회전시켜 두께가 7㎜가 될 때까지 천천히 밀어 편다.

**9**   3절 접기하고 마지막에 접힌 부분을 칼로 자른다.

**10**   밀던 방향 그대로 두께 21㎜가 될 때까지 밀어 편 후 반죽을 90° 회전시켜
　　　다시 두께가 17㎜가 될 때까지 밀어 편다.

**11**   비닐을 깐 베이킹팬에 옮겨 냉동고(-18℃)에서 약 10분 동안 휴지시킨 뒤
　　　반죽을 뒤집어서 다시 10분 동안 굳힌다(총 20분).

**12**   7~11의 과정을 1회 더 반복해 3절 접기 1회, 다시 7~10의 과정을 1회
　　　더 반복해 3절 접기를 총 3회 한 후 냉동고에서 20분 동안 휴지, 반죽을
　　　뒤집어서 다시 20분 동안 휴지시킨다(총 40분).

9-1

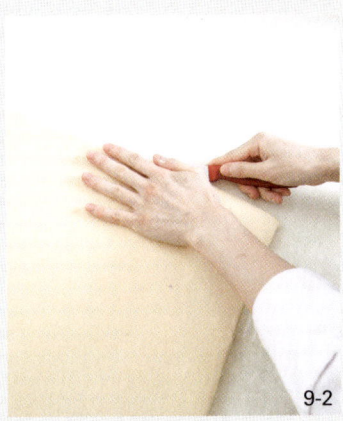

9-2

10

11

# 멜론 데니시

고객들에게 꾸준히 사랑받는 대표 제품 중 하나이다. 일반적으로 사용하는 멜론빵 반죽이 아니라 페이스트리 반죽을 활용해 색다른 식감과 은은한 버터 풍미를 느낄 수 있다. 위에 올리는 멜론 비스킷은 파이롤러로 아주 얇게 밀어 펴 덧씌운다. 비스킷이 얇은 만큼 바삭하게 구워지고 그만큼 제품 전체의 식감이 가벼워 먹기에 편하다.

Melon Danish Pastry

**타임라인 ▼**

**준비**
데니시 페이스트리 반죽 3,356g

[24시간] — **멜론 비스킷**

**밀어 펴기**
폭 38cm, 두께 4mm

**재단**
9.1cm 정사각형

**성형**
원형

[90분] — **2차 발효**
온도 28℃, 습도 75%

[14분] — **굽기**
윗불 255℃, 아랫불 180℃

**사용한 재료**

| 데니시 페이스트리 반죽 | | 부재료 | |
|---|---|---|---|
| 강력분 | 332g | 버터 | 112g |
| T45 | 1,000g | 설탕 | 적당량 |
| 전지분유 | 66g | **멜론 비스킷** | |
| 소금 | 13g | 발효 버터(실온) | 300g |
| 설탕 | 132g | 설탕 | 500g |
| 세미드라이이스트 골드 | 27g | 달걀 | 340g |
| 달걀 | 332g | 박력분 | 1,000g |
| 물 | 454g | 아몬드 파우더 | 20g |
| 판 버터 | 1,000g | | |

**만드는 방법**

**멜론 비스킷**

1 믹서볼에 실온에 두어 말랑한 상태의 발효 버터와 설탕을 넣고 저속에서
믹싱한다.

2 달걀을 조금씩 나누어 넣으며 중속에서 믹싱한다.
TIP 이때 너무 과하게 믹싱하지 않도록 주의한다. 달걀의 비율이 높아 반죽이
분리될 확률이 높기 때문에 분리될 것 같으면 미리 박력분을 소량 넣고
믹싱한다.

3 함께 체 친 박력분과 아몬드 파우더를 넣고 저속에서 가루가 보이지 않을
때까지 믹싱한다.

4 볼에서 꺼내 비닐로 감싸 냉장고에서 하루 동안 휴지시킨다.

5 비스킷 반죽을 파이롤러로 두께 3㎜가 될 때까지 밀어 편다.

6 지름 8㎝ 원형 틀로 반죽을 찍어 내 유산지 위에 가지런히 놓고 비닐을 씌워
냉동고에 보관한다(반죽 1개당 무게 약 25g).

14

15

16

## 멜론 데니시

**1~12** p.186 데니시 페이스트리 반죽 공정과 같음

**13** 냉기를 골고루 머금고 있는 반죽을 파이롤러로 밀어 펴 폭 38cm로 만든 후 두께 4mm가 될 때까지 왕복으로 밀어 편다.

(TIP) 최종 재단하는 폭은 36.4cm이지만 조금씩 수축하기 때문에 조금 더 크게 밀어 편다.

**14** 반죽을 작업대로 옮겨 수축된 부분을 다시 밀어 펴서 폭이 37cm가 되도록 모양을 다듬는다.

**15** 파이칼을 폭 9.1cm로 맞추어 가로와 세로를 모두 잘라 정사각형을 만든다.

**16** 반죽의 네 모퉁이를 가운데로 접는다.

**17** 가운데에 부드러운 버터를 약 2g 정도씩 올린다.

**18** 버터를 올린 부분이 안쪽으로 들어가도록 둥글리기한다.

(TIP) 둥글리기하고 냉동고에서 잠깐 휴지시킨 뒤에 성형하면 더욱 안정적으로 만들 수 있다.

18

**19** 반죽 위에 냉동고에서 미리 빼 말랑한 상태가 된 멜론 비스킷을 씌운 뒤
살짝 둥글리기한다.

(TIP) 필요에 따라 반죽에 비스킷을 올리기 전에 스프레이로 물을 뿌린다.

**20** 스프레이로 반죽 윗면에 물을 뿌린 후 설탕에 멜론 비스킷 부분을 굴려
설탕을 묻힌다.

**21** 다시 한 번 물을 뿌리고 설탕을 묻혀 총 2번 묻힌다.

**22** 온도 28℃, 습도 75% 발효실에서 1시간 30분 동안 2차 발효시킨다.

　**TIP** 발효실의 습도가 높으면 비스킷이 녹아서 표면의 크랙이 예쁘게 나오지 않을 수 있어 습도에 주의한다.

**23** 실온에 꺼내 5분 이상 표면을 말린다.

**24** 윗불 255℃, 아랫불 180℃ 데크 오븐에 스팀을 넣고 약 14분 동안 굽는다.

**25** 오븐에서 꺼낼 때 충격에 의해 제품이 주저앉지 않도록 주의하며 꺼내 식힌다.

21-1

21-2

23

# 에그 타르트

데니시 페이스트리 반죽으로 만든 에그 타르트는 2차 발효를 시키지 않고 구워 낸다. 발효를 시키지 않기 때문에 바삭한 식감으로 완성된다. 무이에서 판매하는 에그 타르트는 달콤하기보다는 담백해 아침 식사로 먹기에도 좋다.

**Egg Tart**

**타임라인 ▼**

— **준비**
데니시 페이스트리 반죽 3,356g
지름 8㎝, 높이 2㎝ 원형 타르트틀

**24시간** — **에그 타르트 필링**

— **밀어 펴기**
폭 50㎝, 두께 3mm

— **재단**
지름 9㎝ 원형

**30분** — **냉동 휴지**

— **성형**
원형 타르트틀에 퐁사주

**180분** — **냉동 휴지**

**40분** — **해동**
실온

**25분** — **굽기**
윗불 250℃, 아랫불 190℃

**사용한 재료**

| 데니시 페이스트리 반죽 | | 에그 타르트 필링 | |
|---|---|---|---|
| 강력분 | 332g | 노른자 | 320g |
| T45 | 1,000g | 설탕 | 240g |
| 전지분유 | 66g | 박력분 | 64g |
| 소금 | 13g | 생크림(페이장브레통) | 560g |
| 설탕 | 132g | 우유 | 640g |
| 세미드라이이스트 골드 | 27g | 바닐라 빈 | 1/2개 |
| 달걀 | 332g | | |
| 물 | 454g | | |
| 판 버터 | 1,000g | | |

## 만드는 방법

**에그 타르트 필링**

**1** 볼에 노른자와 설탕을 넣고 거품기로 가볍게 섞는다.

**2** 박력분을 체 쳐 넣고 가루가 보이지 않을 정도로만 섞는다.

**3** 냄비에 생크림, 우유, 바닐라 빈의 씨를 넣어 온도가 40℃가 될 때까지 데운다.

**4** 노른자 반죽에 데운 3을 조금씩 넣으면서 섞는다.

**5** 체에 거른 후 표면에 유산지를 덮었다가 떼 거품을 걷는다.

**6** 밀폐 용기에 담아 하루 동안 숙성시킨다.

## 에그 타르트

**1~12** p.186 데니시 페이스트리 반죽 공정과 같음

**13** 냉기를 골고루 머금고 있는 반죽을 파이롤러로 밀어 펴 폭 50㎝로 만든 후 두께 3㎜가 될 때까지 왕복으로 밀어 편다.

TIP 틀로 찍어 내는 제품이라 폭을 맞추는 것이 중요하지는 않지만 폭이 좁을수록 파이롤러로 밀어 펼 때 반죽이 늘어지며 딸려 오게 되므로 가급적 폭을 넓게 밀어 편다.

**14** 파이롤러 위에서 반죽을 들었다가 놓으며 수축된 부분을 정리하고 밀대로 밀어 펴 폭과 두께를 다시 맞춘다.

**15** 지름 9㎝ 원형 틀로 반죽을 촘촘히 찍어 낸다.

16

17-1

17-2

**16** 유산지에 찍은 반죽을 올려 냉동고에서 약 30분 동안 휴지시킨다.

**17** 냉동고에서 꺼낸 반죽을 밀대로 적당히 밀어 편 뒤 지름 8㎝, 높이 2㎝ 원형 타르트틀에 넣어 풍사주한다. 반죽이 틀 밖으로 조금 더 튀어 나오게 만든다.

**18** 냉동고에서 2~3시간 동안 휴지시킨다.

(TIP) 휴지시키지 않고 바로 필링을 넣어 구우면 반죽이 수축돼 필링이 넘쳐흐를 수 있다.

**19** 반죽을 실온에 꺼내 20~40분 동안 해동시키고 에그 타르트 필링을 30g씩 넣는다.

**20** 윗불 250℃, 아랫불 190℃ 데크 오븐에서 약 25분 동안 노릇노릇한 색이 날 때까지 굽는다.

**21** 틀에서 뒤집어 빼 식힌다.

19-1

19-2

21

# 살구 크림치즈 파이

살구 크림치즈 파이는 멜론 데니시 다음으로 오래 발효시키고 빠르게 구워 낸 제품이다. 어느 정도 길게 발효시키기 때문에 바삭하기보다는 부드러운 식감을 가지며 살짝 구워 낸 빵속도 부드럽다. 살구잼과 크림치즈 대신 다른 필링을 사용하면 다양한 베리에이션을 할 수 있다.

Apricot Cream Cheese Pie

**타임라인 ▼**

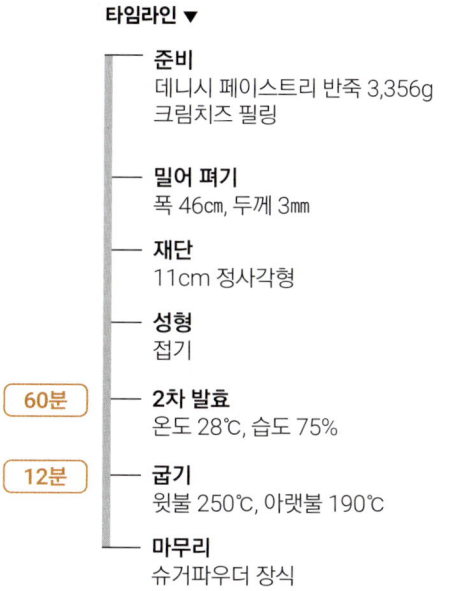

**준비**
데니시 페이스트리 반죽 3,356g
크림치즈 필링

**밀어 펴기**
폭 46cm, 두께 3mm

**재단**
11cm 정사각형

**성형**
접기

[60분] **2차 발효**
온도 28℃, 습도 75%

[12분] **굽기**
윗불 250℃, 아랫불 190℃

**마무리**
슈거파우더 장식

**사용한 재료**

| 데니시 페이스트리 반죽 | | 크림치즈 필링 | |
|---|---|---|---|
| 강력분 | 332g | 크림치즈(끼리) | 1,000g |
| T45 | 1,000g | 생크림(페이장브레통) | 200g |
| 전지분유 | 66g | 슈거파우더 | 100g |
| 소금 | 13g | **부재료** | |
| 설탕 | 132g | 크림치즈 필링 | 1,290g |
| 세미드라이이스트 골드 | 27g | 살구잼 | 430g |
| 달걀 | 332g | 슈거파우더 | 적당량 |
| 물 | 454g | | |
| 판 버터 | 1,000g | | |

## 만드는 방법

**크림치즈 필링**

**1** 크림치즈를 상온에 두어 부드러운 상태로 만든 후 믹서볼에 넣고 부드럽게 푼다.

**2** 생크림과 슈거파우더를 모두 넣고 저속에서 전체적으로 잘 섞일 정도로만 믹싱한다.

**3** 볼에서 꺼내 짤주머니에 담는다.

**살구 크림치즈 파이**

**1~12** p.186 데니시 페이스트리 반죽 공정과 같음

**13** 냉기를 골고루 머금고 있는 반죽을 파이롤러로 밀어
펴 폭 46cm로 만든 후 두께 3mm가 될 때까지 왕복으로
밀어 편다.

> **TIP** 최종 재단하는 폭은 44cm이지만 조금씩 수축하기
> 때문에 조금 더 크게 밀어 편다.

**14** 반죽을 작업대로 옮겨 수축된 부분을 다시 밀어 펴서
폭이 46cm가 되도록 모양을 다듬는다.

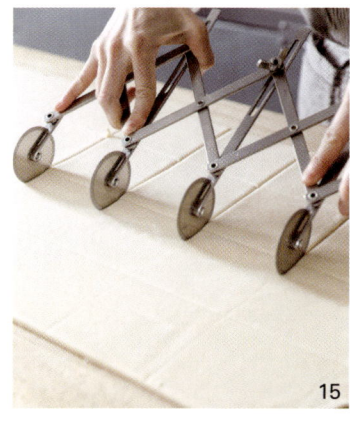  

**15** 파이칼을 폭 11㎝로 맞추어 가로와 세로를 모두 잘라 정사각형을 만든다.

**16** 모서리 한쪽에 크림치즈 필링을 약 30g씩 짠다.

**17** 가운데쯤에 살구잼을 10g씩 짠다.

**18** 크림치즈 필링을 짠 반대쪽 모서리를 들어 올려 반으로 접으며 덮는다.

**19** 베이킹팬에 놓고 온도 28℃, 습도 75% 발효실에서 1시간 동안 2차
발효시킨다.

**20** 윗불 250℃, 아랫불 190℃ 데크 오븐에 스팀을 넣고 약 12분 동안 굽는다.

**21** 오븐에서 꺼내 식힌 다음 슈거파우더를 뿌린다.

# 아몬드 코코넛 파이

아몬드 코코넛 파이는 멜론 데니시보다는 짧게 발효시킨 제품이다. 그래서 멜론 데니시와 비교하면 더 바삭한 쪽에 속한다. 바삭한 데니시 반죽, 고소한 아몬드 크림, 코코넛이 썩 잘 어울리는 제품이다.

Almond Coconut Pie

## 타임라인 ▼

| | |
|---|---|
| | **준비**<br>데니시 페이스트리 반죽 3,356g<br>아몬드 크림 |
| **24시간** | **커스터드 크림** |
| | **밀어 펴기**<br>폭 42cm, 두께 3mm |
| | **재단**<br>8cm 정사각형 |
| | **성형**<br>접기 |
| **30분** | **2차 발효**<br>온도 28℃, 습도 75% |
| **14분** | **굽기**<br>윗불 250℃, 아랫불 180℃ |
| | **마무리**<br>슈거파우더 장식 |

## 사용한 재료

### 데니시 페이스트리 반죽

| | | | |
|---|---|---|---|
| 강력분 | 332g | 옥수수 전분 | 10g |
| T45 | 1,000g | 박력분 | 10g |
| 전지분유 | 66g | 발효 버터 | 30g |
| 소금 | 13g | 럼 | 1/8뚜껑 |
| 설탕 | 132g | **아몬드 크림** | |
| 세미드라이이스트 골드 | 27g | 발효 버터(실온) | 246g |
| 달걀 | 332g | 슈거파우더 | 246g |
| 물 | 454g | 달걀 | 134g |
| 시트 버터 | 1,000g | 옥수수 전분 | 24g |
| **커스터드 크림** | | 아몬드 파우더 | 246g |
| 우유 | 250g | 커스터드 크림 | 187g |
| 설탕A | 31g | **부재료** | |
| 바닐라 빈 | 1/8개 | 코코넛 롱 | 540g |
| 노른자 | 55g | 코코넛 슬라이스 | 540g |
| 설탕B | 31g | 슈거파우더 | 적당량 |

3                                                                   4-1                                               4-2

## 만드는 방법

**커스터드 크림**

**1**    냄비에 우유, 설탕A, 바닐라 빈의 씨를 넣고 눌어붙지 않을 정도로 끓인다.

**2**    볼에 노른자와 설탕B를 넣어 거품기로 섞은 뒤 옥수수 전분과 박력분을 넣고 가볍게 섞는다.

**3**    2에 1을 조금씩 부으면서 섞는다.

**4**    다시 냄비에 옮겨 거품기로 저으면서 농도가 되직했다가 다시 묽어질 때까지 끓인다.

       (TIP) 농도가 되직해졌을 때 가열을 멈추고 식히기 위해 냉장고에 넣으면 오히려 크림이 묽어진다. 되직해졌다가 다시 묽어지는 상태가 될 때까지 끓여야 식혔을 때 어느 정도 단단함을 갖춘 커스터드가 된다.

**5**    불에서 내려 발효 버터와 럼을 넣고 섞는다.

       (TIP) 럼은 건조 바닐라 빈 깍지를 넣어 숙성시킨 팡 럼을 사용했다.

**6**    체에 걸러 보관 용기에 담고 윗면에 물기가 고이지 않게끔 랩을 밀착시켜 덮은 뒤 냉장고에서 하루 동안 식히고 다음날 사용한다.

5-1                                                     5-2                                               6

**아몬드 크림**

**1** 믹서볼에 말랑한 상태의 발효 버터와 슈거 파우더를 넣고 저속(1단)으로
섞는다.

**2** 달걀을 조금씩 넣으면서 중속(2단)으로 믹싱한다.

**3** 옥수수 전분과 아몬드 파우더를 넣고 저속으로 섞는다.

**4** 가루가 보이지 않을 정도로 섞이면 커스터드 크림을 넣고 저속으로 섞는다.

**5** 짤주머니에 넣어 보관한다.

## 아몬드 코코넛 파이

**1~12** p.186 데니시 페이스트리 반죽 공정과 같음

**13** 냉기를 골고루 머금고 있는 반죽을 파이롤러로 밀어 펴 폭 42㎝로 만든 후 두께 3㎜가 될 때까지 왕복으로 밀어 편다.

> **TIP** 최종 재단하는 폭은 40㎝이지만 조금씩 수축하기 때문에 조금 더 크게 밀어 편다.

**14** 반죽을 작업대로 옮겨 수축된 부분을 다시 밀어 펴서 폭이 42㎝가 되도록 모양을 다듬는다.

**15** 파이칼을 폭 8㎝로 맞추어 가로와 세로를 모두 잘라 정사각형을 만든다.

**16** 반죽의 네 모퉁이를 가운데로 접는다.

**17** 스프레이로 반죽에 물을 뿌린 후 코코넛 롱에 접은 면 쪽을 눌러 붙인다.

**18** 베이킹팬에 코코넛 롱을 붙인 쪽이 위를 향하게 놓고 온도 28℃, 습도 75% 발효실에서 30분 동안 2차 발효시킨다.

206

19 발효실에서 꺼내 스프레이로 물을 뿌린 뒤
   가운데에 아몬드 크림을 약 20g씩 짠다.

20 아몬드 크림 위에 코코넛 슬라이스를
   약 10g씩 올린다.

21 윗불 250℃, 아랫불 180℃ 데크 오븐에
   스팀을 넣고 약 14분 동안 굽는다.

22 오븐에서 꺼내 식힌 다음 슈거파우더를
   뿌린다.

# 라즈베리 피스타치오

담백한 데니시 페이스트리 반죽 위에 아몬드 크림과 라즈베리 잼, 피스타치오 분태를 올려 맛의 조화가 좋은 제품이다. 에그 타르트와 같은 두께, 같은 크기로 반죽을 잘라 사용한다. 냉동고에 보관하기 좋고 반죽이 얇아 해동과 발효가 빠르다는 특징 때문에 언제든지 추가 수량을 구울 수 있다는 장점이 있다.

Raspberry Pistachio Pie

## 타임라인 ▼

- **준비**
  데니시 페이스트리 반죽 3,356g
  커스터드 크림
  아몬드 크림
- **밀어 펴기**
  폭 50㎝, 두께 3㎜
- **재단**
  지름 9㎝ 원형
- [30분] **냉동 휴지**
- **성형**
  토핑 올리기
- [40분] **2차 발효**
  온도 28℃, 습도 75%
- [12분] **굽기**
  윗불 250℃, 아랫불 190℃
- **마무리**
  슈거파우더 장식

## 사용한 재료

### 데니시 페이스트리 반죽

| | | | |
|---|---|---|---|
| 강력분 | 332g | 박력분 | 10g |
| T45 | 1,000g | 발효 버터 | 30g |
| 전지분유 | 66g | 럼 | 1/8뚜껑 |
| 소금 | 13g | **아몬드 크림** | |
| 설탕 | 132g | 발효 버터(실온) | 258g |
| 세미드라이이스트 골드 | 27g | 슈거파우더 | 258g |
| 달걀 | 332g | 달걀 | 140g |
| 물 | 454g | 옥수수 전분 | 25g |
| 시트 버터 | 1,000g | 아몬드 파우더 | 258g |
| **커스터드 크림(p.204 참조)** | | 커스터드 크림 | 310g |
| 우유 | 250g | **부재료** | |
| 설탕A | 31g | 달걀물 | 적당량 |
| 바닐라 빈 | 1/8개 | 아몬드 크림 | 1,200g |
| 노른자 | 55g | 라즈베리 필링잼 | 1,200g |
| 설탕B | 31g | 피스타치오 분태 | 900g |
| 옥수수 전분 | 10g | 슈거파우더 | 적당량 |

## 만드는 방법

### 아몬드 크림

**1** 믹서볼에 말랑한 상태의 발효 버터와 슈거 파우더를 넣고 저속(1단)으로 섞는다.

**2** 달걀을 조금씩 넣으면서 중속(2단)으로 믹싱한다.

**3** 옥수수 전분과 아몬드 파우더를 넣고 저속으로 섞는다.

**4** 가루가 보이지 않을 정도로 섞이면 커스터드 크림을 넣고 저속으로 섞는다.

**5** 짤주머니에 넣어 보관한다.

### 라즈베리 피스타치오

**1~12** p.186 데니시 페이스트리 반죽 공정과 같음

**13** 냉기를 골고루 머금고 있는 반죽을 파이롤러로 밀어 펴 폭 50㎝로 만든 후 두께 3㎜가 될 때까지 왕복으로 밀어 편다.

> TIP 틀로 찍어 내는 제품이라 폭을 맞추는 것이 중요하지는 않지만 폭이 좁을수록 파이롤러로 밀어 펼 때 반죽이 늘어지며 딸려 오게 되므로 가급적 폭을 넓게 밀어 편다.

**14** 파이롤러 위에서 반죽을 들었다가 놓으며 수축된 부분을 정리하고 밀대로 밀어 펴 다시 폭과 두께를 맞춘다.

**15** 지름 9㎝ 원형 틀로 반죽을 촘촘히 찍어 낸다.

**16** 유산지에 찍은 반죽을 올려 냉동고에서 약 30분 동안 휴지시킨다.

> TIP 바로 발효시키면 반죽이 수축될 수 있기 때문에 어느 정도 휴지시킨 후에 발효시킨다.

> TIP 이 공정까지 미리 대량으로 만들어 놓은 뒤 냉동고에 보관하며 필요할 때마다 꺼내어 해동해 사용해도 괜찮다.

17   베이킹팬에 놓고 온도 28℃, 습도 75% 발효실에서 약 40분 동안 2차
      발효시킨다.

18   발효실에서 꺼내 실온에서 반죽 표면을 살짝 건조시킨 뒤 달걀물을 가볍게
      바른다.

19   손에 물을 묻힌 뒤 아몬드 크림을 짤 부분을 손가락으로 누른다.

20   누른 부분에 아몬드 크림을 20g씩 짠다.

21   아몬드 크림 위에 라즈베리 필링잼을 20g씩 짠다.

22   피스타치오 분태를 15g씩 올린 뒤 윗불 250℃, 아랫불 190℃ 데크 오븐에서
      약 12분 동안 노릇노릇한 색이 날 때까지 굽는다.

23   오븐에서 꺼내 식힌 뒤 슈거파우더를 뿌린다.

# 프로패셔널다운
# 자세로 빵을 굽다

무이에서는 날씨나 계절에 따라 믹싱, 발효, 굽기를 모두 조절한다. 습도가 높은 날에는 빵을 평소보다 더 오래 구워 빵이 질겨지지 않도록 방지하고 건조한 날에는 빵의 겉껍질이 너무 부서지지 않도록 짧게 굽는다. 믹싱 또한 마찬가지이다. 습한 날에는 반죽이 지치기 쉬워 믹싱 시간을 최소한으로 하고 신장성보다는 탄력성이 높은 반죽으로 만든다.

우리는 빵을 만들 때만큼은 항상 프로패셔널이 되고자 한다. 무이의 주방은 완전한 오픈키친이다. 손님들은 우리의 빵 만드는 모습이나 빵 자르는 모습, 포장하는 모습 등 전반적인 과정을 모두 직접 볼 수 있다. 그래서 우리는 빵을 만들 때 더욱 자부심을 가지고 최고의 빵을 만들기 위해 집중한다.

또한 타협하지 않으려 애쓴다. '이정도면 괜찮겠지'라며 조금씩 자신과 타협하다 보면 처음에 자신이 정해 놓았던 빵의 기준과 전혀 다른 빵을 만들 수 있기 때문이다. 우리만의 기준점을 정해 놓고 조금 진부하더라도 기술자의 마음과 장인 정신을 지켜내는 것이 중요하다고 생각한다.

## 마무리
## 인사말

이 책에 우리가 어떻게 빵을 만드는지, 또 우리가 생각하는 빵은 무엇인지에 대해 이야기했지만 사실 빵에도, 기술에도 정답은 없다. 정답이 없기 때문에 베이커 본인이 추구하는 바대로 빵을 만드는 것이 가장 중요하다고 생각한다. 우리는 무이답게 담백하고 부담스럽지 않은 빵을 만들며 다만 꾸준하려고 노력한다. 꾸준함이란 그대로 멈추어 있는 것이 아니라 계속 발전해 나가는 것이라 생각한다. 스스로 자극을 주며 발전해 나가야 매너리즘에 빠지지 않고 반복되는 베이커의 일상을 이어갈 수 있다.

빵을 만든다는 일은 항상 즐겁지만 또 압박감도 상당한 일이다. 너무 맛있다고 생각한 제품이 소비자에게 외면받을 때도 있고 반대로 별로 기대하지 않았던 제품인데 소비자 반응이 좋을 때 느끼는 괴리감도 있다. 기술자로서 좋은 제품을 만들고 싶은 욕심과 경영자로서 잘 팔리는 제품을 만들고 싶은 욕심에 방향성이 흔들릴 때도 있다. 그러나 가장 맛있는 제품을 만들어 손님에게 드리고 싶다는 마음으로 돌아가 우리의 방향성을 다시 점검하며 무이의 하루하루를 만들고 있다.

둘도 없는
담백함
무이

매일을 위한 빵

無二

**저자** 김정은 · 김재민
**발행인** 장상원
**편집인** 이명원

**초판 1쇄** 2026년 4월 10일

**발행처** (주)비앤씨월드 출판등록 1994.1.21 제 16-818호
**주소** 서울특별시 강남구 선릉로 132길 3-6 서원빌딩 3층
**전화** (02)547-5233 **팩스** (02)549-5235
**홈페이지** http://bncworld.co.kr
**블로그** http://blog.naver.com/bncbookcafe
**인스타그램** @bncworld_books
**진행** 홍서진 **사진** 이재희 **디자인** 박갑경
ISBN 979-11-24112-04-5 13590